"十二五"国家科技支撑计划——
"夏热冬冷地区建筑节能关键技术研究与示范"
课题九"浅层地热能集成应用技术与评估及示范"

土壤热物性测试技术应用指南

主　编　杜永恒
副主编　范晓伟　郝　文

黄河水利出版社
·郑州·

内 容 提 要

本书介绍了目前国内外土壤热物性测试的研究现状,在此基础上汇总了最常见的热物性测试方法,研究了岩土层传热理论的计算模型,并简述了数据处理的方法,研发了一种新型的土壤热物性测试装置,可以实现多种工作模式,计算准确快捷。

本书可供科技工作者和相关设计施工人员参考。

图书在版编目(CIP)数据

土壤热物性测试技术应用指南/杜永恒主编. —郑州:黄河水利出版社,2016.3
ISBN 978 - 7 - 5509 - 1266 - 3

Ⅰ. ①土…　Ⅱ. ①杜…　Ⅲ. ①土壤热性质 – 测试技术 – 指南　Ⅳ. ①S152. 8-62

中国版本图书馆 CIP 数据核字(2015)第 250259 号

出　版　社:黄河水利出版社
　　　　　　地址:河南省郑州市顺河路黄委会综合楼 14 层　　邮政编码:450003
发行单位:黄河水利出版社
　　　　　发行部电话:0371 –66026940、66020550、66028024、66022620(传真)
　　　　　E-mail:hhslcbs@ 126. com
承印单位:河南承创印务有限公司
开本:787 mm×1 092 mm　1/16
印张:3. 50
字数:85 千字　　　　　　　　　　　印数:1—1 000
版次:2016 年 3 月第 1 版　　　　　　印次:2016 年 3 月第 1 次印刷

定价:18. 00 元

《土壤热物性测试技术应用指南》

编者名单

主　　编：杜永恒

副 主 任：范晓伟　　郝　文

参编人员：栾景阳　　潘玉勤　　何大四　　常新伟　　刘鸿超

　　　　　闫俊海　　常建国　　王　超　　马校飞　　张　英

　　　　　李　杰　　于飞宇　　王红超　　朱有志　　陈永良

　　　　　张继隆　　王海刚　　王　林　　代江涛　　张迅凯

参编单位：河南省建筑科学研究院有限公司

　　　　　中原工学院

前　言

　　土壤源热泵系统是一种高效节能环保的空调系统,既可实现夏季制冷又可实现冬季供暖。我国地域广阔,蕴藏着丰富的浅层地热能,有助于土壤源热泵系统的发展和应用;同时,土壤源热泵技术的应用可减少建筑物对煤炭、石油等常规能源的消耗,在一定程度上能缓解我国的能源压力,改善能源结构,缓解我国城市空气污染,对我国实现可持续发展起到促进作用。

　　随着环境保护及节能意识的增强,土壤源热泵的发展倍受青睐。2014年,我国地源热泵应用面积已达3.5亿 m^2。2015年,全世界地源热泵年利用能量已经达到325 028 TJ,我国地源热泵年利用能量为100 311 TJ。据权威机构估测,到2020年"十三五"结束,我国地源热泵应用面积有望突破7亿 m^2。

　　随着土壤源热泵系统的广泛应用,人们逐渐认识到土壤热物性测试的重要性。准确测定土壤热物性并掌握其变化规律,是土壤源热泵系统在满足空调使用条件的同时,发挥其节能、经济、环保等优势的重要保障。

　　为了更加科学合理地进行土壤热物性测试,规范土壤热物性测试过程,以便更好地指导土壤源热泵系统的设计,本书深入探究了土壤热物性测试原理,介绍了常规的热物性测试方法,在此基础上结合课题研究成果,总结出一套可用于多工况同时测试的方法,有效地缩短了测试周期。

　　本书为"十二五"国家科技支撑计划——"夏热冬冷地区建筑节能关键技术研究与示范"中的课题九"浅层地热能集成应用技术与评估及示范(2011BAJ03B09)"的研究成果之一。

　　本书编写人员及编写分工如下:第1章由杜永恒、范晓伟、栾景阳编写;第2章由郝文、何大四、刘鸿超编写;第3、4章由潘玉勤、何大四、常新伟、刘鸿超、闫俊海、于飞宇、常建国、李杰编写;第5章由王超、马校飞、张英、王红超、朱有志、陈永良、张继隆、王海刚、王林、代江涛、张迅凯编写。全书由杜永恒、范晓伟、郝文策划、组织,由刘鸿超负责统稿和协调。

　　由于作者水平有限,本书难免存在缺点和漏失,望读者给予批评指正。

作　者
2015 年 9 月

目　录

第1章 绪 论

1.1 浅层地热能资源概述

浅层地热能,是指地表以下250 m以内的土壤、砾石和地下水中所蕴藏的低温可再生能源,其能量主要来源于地球内部的热源体和太阳辐射,是地球内部的地热能和地表太阳辐射能共同作用的结果[1]。

浅层地热能是一种取之不尽、用之不竭的低温能源,它是在太阳辐射和地热能的综合作用下,存在于地下近表层数百米范围内的土壤、岩石和地下水中的低温地热能。浅层地热能的来源有两种:一种是来自地球外部,在地表以下约15~20 m的范围内,由于受太阳辐射的影响,其温度有着昼夜、年份、世纪甚至更长的周期性变化,称之为"变温带";一种是来自地球内部,在地表以下太阳辐射的影响逐渐减弱,在达到一定深度时,这种影响基本消失,此时太阳辐射与地球内热之间的影响达到平衡,温度的年变化幅度接近于零,称之为"恒温带"。恒温带厚度一般为10~20 m,并随温度而异。在恒温带以下,地温场完全由地球内热控制,地温随温度的增加而升高,其热量的主要来源是地球内部的热能。该层称为"增温带"(见图1-1)。

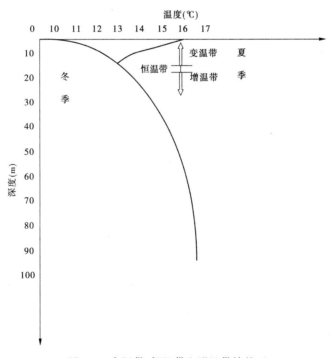

图 1-1 变温带、恒温带和增温带的关系

从图 1-1 中可以看出,在中纬度地区变温带是指地壳以下距离表层约 15 m 以上的部分,温度变化的幅度随着太阳辐射的影响而呈现出明显的季节性变化。在冬季由于地表温度的降低,变温带的温度分布呈正梯度,越靠近地表,温度越低;而在夏季受太阳辐射的影响,浅层土壤温度在垂向上呈负梯度,越靠近地表,温度越高。由于岩土的导热系数很小,太阳辐射的周期长,虽然太阳辐射的能量巨大,但不能到达地壳的深部。在深度为 30 ~ 100 m 的范围内,温度变化正常。

事实上,某个地区在一定深度范围内,温度基本恒定是地热能和太阳辐射共同作用的结果。土壤有一定的蓄热能力,主要蓄积的是地热能和太阳能。由于大地是一个巨大的开放系统,地源热泵系统在反季节中储存的热量很容易扩散,这部分热量与整个地温场的能量相比,所占的比例很小,因此浅层地热能是以地热能和太阳能为主的自然资源。

浅层地热资源潜力大,洁净度高,并汇有多种微量元素和有益的组分,对环境的污染极小。开发利用浅层地热能,不仅能改善人居环境,而且能使地下水资源得到有效利用,符合当今“低碳环保”的主题。

1.2　浅层地热能资源特点

浅层地热能以其分布广泛、洁净度高、使用方便、不受地域限制和可再生等优势越来越受到国家的重视。其主要特点有:

(1)浅层地热能分布广泛。浅层地热能广泛存在于地球浅表层(250 m 之内)巨大的恒温带中,土壤温度相对恒定,几乎不受环境和气候的影响。如北京地区浅表层年平均温度为 13 ~ 15 ℃[2],绵阳地区浅层地温年平均为 16 ~ 18 ℃[3],其能量的来源主要是地面吸收了约 40% 的太阳辐射。

(2)浅层地热能储量巨大。据专家测算,我国地下近百米深度内的土壤每年可采集的低温能量有 15.60×10^4 kW/km^2,百米内地下水每年可采集的低温能量有 0.21×10^4 kW/km^2。到 2020 年,我国地热能开发利用量拟达到 5 000 万 t 标准煤,形成完善的地热能开发利用技术和产业体系。

(3)浅层地热能清洁环保。浅层地热能作为一种清洁可再生能源,不同于化石燃料,不会对环境造成严重污染,不会引起温室效应、酸雨、土地沙漠化等问题。目前供暖、制冷和生活热水消耗的能源,主要来自于煤、油、气等一次性能源,不但会造成能源的浪费,而且会污染环境。通过利用浅层地热能,不但可以满足供暖(冷)的需求,同时还可以实现供暖(冷)区域的零污染排放,有助于改善使用区域的大气质量。

(4)浅层地热能高效节能。每平方米建筑投资为 250 ~ 380 元,较同样满足使用条件的燃气消耗和空调系统等有所增加,但其运行费用明显低于其他清洁能源,并且可以就地取能,免于运输、传送,没有废渣产生。通常地源热泵消耗 1 kW 的能量,用户可以得到 4 kW 以上的热量或冷量,节省运行费用 25% ~ 50%。

(5)浅层地热能安全性强。浅层地热能的利用主要是通过地下水源热泵系统或土壤源热泵系统两种方式。地源热泵系统不同于传统利用燃煤、燃油为能源的锅炉取暖方式,从而避免了因燃烧过度或材料因素引起的锅炉爆炸等安全隐患,使住宅供暖的安全性得到保障。

(6)浅层地热能可就地利用。由于浅层地热能资源无处不在,其开发利用可以就地取材、就地取(排)热。与传统能源相比,浅层地热能可节省大量运输、传输和存放成本。如果大量采用浅层地热能,则可提高资源的本地化水平,在一定程度上改善能源结构。

1.3 地源热泵系统概述

浅层地热能属于低品位能源,不能直接使用,通常需要设置一套热泵装置,组成地热能热泵利用系统,将浅层地热能的温度进行一定程度的提高或降低。

1.3.1 地源热泵系统的定义

地源热泵空调系统(也称为地源热泵或地源热泵系统)是随着全球性能源危机和环境问题的出现而逐渐兴起的热泵技术。它是一种通过输入少量的高位能(如电),将浅层地热能(土壤热能、地下水中的低位热能或地表水中的低位热能)向高位热能转移的热泵空调系统[4-6]。它是一个广义的术语,包括了使用土壤、地下水和地表水作为低位热源的热泵空调系统,即以土壤为热源的热泵系统称为土壤源热泵系统,也称地埋管换热系统;以地下水为热源的热泵系统称为地下水换热系统;以地表水为热源的热泵系统称为地表水换热系统。

虽然地表水源热泵、地下水源热泵和土壤源热泵统称为地源热泵,但是地表水、地下水和土壤全年温度范围有较大的差异,因此设计中,选用的液体进入温度亦不相同。正是由于三种热泵的液体进入温度不同,将会对地源热泵机组的性能产生不同的影响,因此不能把三种地源热泵混为一谈,而应区别对待。

1.3.2 浅层地热能采集系统的形式

浅层地热能采集系统的形式见表1-1[7]。

表1-1　地源热泵浅层地热能采集系统

热泵形式	系统名称	图式	说明
地表水源热泵	闭式环路系统		将盘管直接置于水中,通常盘管有两种形式:一种是松散捆卷盘管,即从紧密运输捆卷拆散盘管,重新卸成松散捆卷,并加重物;一种是伸展开盘管或"Slinky"盘管
	开式环路系统		通过取水装置直接将湖水或河水送至热泵机组或通过中间换热器与热泵低温水进行热交换,释热后的湖水或河水直接返回湖或河内,但注意不要与取水短路

热泵形式	系统名称	图式	说明
地下水源热泵	同井回灌	接热泵机组	同井回灌热泵技术是我国发明的新技术。取水和回水在同一口井内进行,通过隔板把井分成两部分:一部分是低压(吸水)区;另一部分是高压(回水)区
	异井回灌	接热泵机组	异井回灌热泵技术是地下水源热泵最早的应用形式。取水和回水在不同的井内进行,从一口井抽取地下水,送至机组换热器中,与热泵制冷剂换热,地下水释放热量后,再从其他的回灌井内回到同一地下含水层中
土壤源热泵	水平式埋管换热器	单管 双管 四管 板式 I－I 剖面	水平式埋管换热器在水平沟内敷设,埋深 1.2~3.0 m。每沟埋 1~6 根管子。管沟长度取决于土壤状态和管沟内管子数量与长度。根据埋管形式可分为水平管换热器和螺旋管换热器。一般来说,水平式埋管换热器的成本低、安装灵活,但它占地面积大。因此,一般用于地表面积充裕的场所
	垂直式埋管换热器 单竖井、单 U 形管	(a)同程系统 (b)异程系统	垂直式埋管换热器的埋管形式有 U 形管、套管和螺旋管等。垂直埋深分浅埋和深埋两种,浅埋埋深为 8~10 m,深埋埋深为 33~180 m。它与水平式埋管换热器相比,所需的管材较少,流动阻力损失小,土壤温度不易受季节变化的影响,所需的地表面积小,因此一般用于地表面积受限制的场合。 图(a)是较为普遍的一种形式,每个竖井布置一根 U 形管,各 U 形管并联在环路集管上,环路采用同程系统。图(b)环路采用异程系统
	双竖井、单 U 形管		每个竖井内布置一根 U 形管,由两个竖井 U 形管串联组成一个小环路,各个小环路并联在环路集管上

热泵形式	图式	说明
单井循环 系统	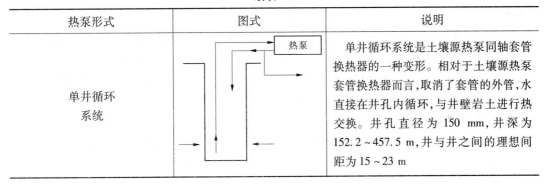	单井循环系统是土壤源热泵同轴套管换热器的一种变形。相对于土壤源热泵套管换热器而言,取消了套管的外管,水直接在井孔内循环,与井壁岩土进行热交换。井孔直径为 150 mm,井深为 152.2~457.5 m,井与井之间的理想间距为 15~23 m

1.4 地源热泵系统的分类与特点

1.4.1 地源热泵系统的分类

地源热泵系统的分类如图 1-2 所示。

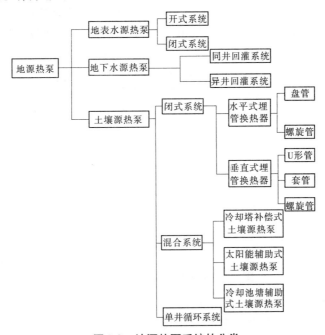

图 1-2 地源热泵系统的分类

1.4.2 地表水源热泵系统

地表水源热泵系统是早期热泵系统的一种形式,其特点主要有:

(1)地表水的温度变化比地下水的水温、地埋管换热器出水水温的变化大。因此,地表水源热泵的一些特点与空气源热泵相似。例如,冬季要求热负荷最大时,对应的蒸发温度最低;而夏季要求供冷负荷最大时,对应的冷凝温度最高。又如,地表水源热泵系统也应设置辅助热源(燃气锅炉、燃油锅炉等)。因此,水源的采集位置对该类系统的安全高效运行至关重要。

（2）地表水是一种容易获得的低位能源。因此,对于同一栋建筑物,选用开式地表水热泵系统的费用是地源热泵空调系统中最低的。但要注意和防止地表水源热泵系统的腐蚀、结垢、生长藻类等问题,避免频繁的清洗造成系统运行的中断和产生较高的清洗费用。

（3）地表水源热泵系统的性能系数较高。德国阿伦文化及管理中心的河水源热泵平均性能系数可达 4.5[8]。河水温度在 6 ℃时,其性能系数可达 3.1。

（4）冬季地表水的温度会显著下降。因此,地表水源热泵系统在冬季可考虑增加地表水的水量。

1.4.3　地下水源热泵系统

地下水源热泵系统是利用地下水全年温度基本恒定的特点,通过抽取地下水与主机冷凝器或蒸发器等换热设备进行热交换,然后将置换冷量或热量的地下水全部回灌到同一含水层中,以实现供暖和制冷的目的。

如图 1-3 所示,地下水源热泵系统由水井系统、水源热泵机组和末端系统三部分组成,其核心是以空调技术、热泵技术和水文地质勘察技术为支撑的、多学科相互配合的新型环保节能技术。在冬季,通过抽取地下水收集自然界的热量,给室内供暖,同时向地下回灌较低温的水;在夏季则是从室内抽出热量通过地下水而向大地排热,同时向地下回灌较高温的水,以达到室内制冷的目的。

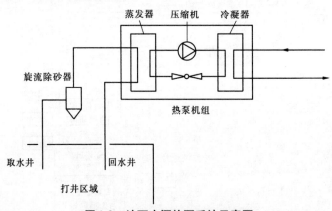

图 1-3　地下水源热泵系统示意图

近年来,地下水源热泵系统在我国北方一些地区,如山东、河南、辽宁、黑龙江、北京、河北、湖北等地,得到了广泛的应用。它相对于传统的供暖(冷)方式及空气源热泵系统具有如下的特点:

（1）地下水源热泵系统具有较好的节能性。地下水的温度相当稳定,一般等于当地全年平均气温或偏高 1~2 ℃。冬暖夏凉,使机组的供热季节性能(HSPF)和能效比(EER)高。同时,温度较低的地下水,可直接用于空气处理设备中,对空气进行冷却、除湿处理而节省能量。相对于空气源热泵系统,能够节约 23% ~44% 的能量。

（2）地下水源热泵系统具有显著的环保效益。目前,地下水源热泵系统的驱动能源是电,电能是一种清洁能源。因此,在地下水源热泵应用场合无污染。只是在发电时,消耗一次能源而导致电厂附近的污染和二氧化碳温室性气体的排放。地下水源热泵的节能性,也使电厂附近的污染减弱。

(3)地下水源热泵具有良好的经济性。美国127个地源热泵项目的实测表明,地源热泵系统相对于传统供暖、空调方式,运行费用节约18%～54%[9]。地下水源热泵系统与传统的冷水机组加燃气锅炉系统相比节能15%～30%。

(4)回灌是地下水源热泵的关键技术。在地下水资源严重短缺的今天,如果地下水源热泵的回灌技术有问题,不能将井水全部回灌至同一含水层内,将带来一系列的生态环境问题,如地下水位下降、含水层疏干、地面下沉、河道断流等,会使地下水资源状况更加严峻。因此,地下水源热泵系统必须具备可靠的回灌措施。

1.4.4　土壤源热泵系统

土壤源热泵系统是通过循环液(水或以水为主要成分的防冻液)在地下埋管中的流动,实现系统与大地之间的换热(见图1-4)。冬季,通过敷设在地下的封闭管道从大地收集自然界的热量,给室内供暖;夏季,土壤源热泵系统将从室内抽出的热量排入封闭管道,而后被大地吸收,以达到给室内供冷的目的。

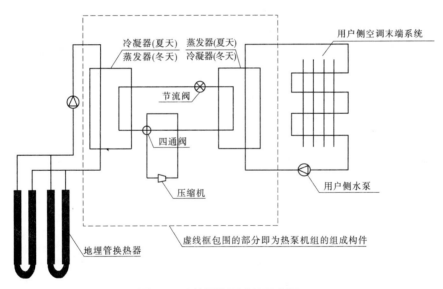

图1-4　土壤源热泵系统示意图

根据可利用空间的大小和地质条件的差异,土壤源热泵系统又可分为水平埋管式和竖直埋管式。水平埋管式通常浅层埋设,占地面积大,开挖技术要求不高,初始投资低于竖直埋管,温度稳定性较差,现在已很少采用。竖直埋管式工程量小,占地面积少,恒温效果好,维护费用少,适合于埋管空间较紧张的工程,但是技术要求较高,初始投资较大。竖直埋管地下换热器目前应用较多,发展较快。

20世纪80年代末期,土壤源热泵系统在我国的发展刚刚起步,而进入90年代后,土壤源热泵研究与应用迅速成为学术界和工程界关注的重点。进入21世纪后,土壤源热泵研究工作和工程实践更是飞速发展。与空气源热泵系统相比,土壤源热泵系统具有如下优点:

(1)土壤温度全年波动较小且数值相对稳定,热泵机组的季节性能系数具有恒温热源热泵的特性,这种温度特性使土壤源热泵系统比传统的空调运行效率高40% ~ 60%,节能效果明显。

(2)土壤具有良好的蓄热性能,冬、夏季从土壤中取出(或放入)的能量可以分别在夏、冬季得到自然补偿。

(3)当室外气温处于极端状态时,用户对能源的需求量一般也处于高峰期。由于土壤温度相对地面空气温度的延迟和衰减效应,和空气源热泵系统相比,它可以提供较低的冷凝温度和较高的蒸发温度,从而在提供同样的夏季制冷量和冬季供热量的条件下,耗能更低。

(4)地下埋管换热器无需除霜,没有结霜与融霜的能耗损失,节省了空气源热泵的结霜、融霜所消耗的3% ~ 30%的能量。

(5)地下埋管换热器在地下吸热与放热,减少了空调系统对地面空气的热、噪声污染。同时,与空气源热泵系统相比,减少了40%以上的污染物排放量。与电供暖相比,减少了70%以上的污染物排放量[10-11]。

(6)运行费用低。据世界环境保护组织(EPA)估计,设计安装良好的地源热泵系统,平均可以节约用户30% ~ 40%的供热制冷空调的运行费用[12-13]。

1.5　土壤源热泵系统应用适宜性评价

地源热泵系统的应用是有条件的,不能盲目采用地源热泵系统。本节主要介绍土壤源热泵系统区域适宜性评价。

"十一五"期间,我国土壤源热泵的适宜性评价是从资源性条件、节能效益、经济效益和环境效益四个方面来进行评价的。本次"十二五"课题是在"十一五"的基础上进行进一步的研究,从水文地质条件、热物性参数、环境条件三个方面来进行评价,确定了第四系厚度、含水层总厚度、卵石层厚度、土壤平均温度、土壤导热系数、地形地貌六个指标。课题相关研究成果如下。

1.5.1　定性与定量的分析适宜性评价指标

1.5.1.1　定性分析要素指标层的确立

土壤源热泵系统主要是依靠地下换热器的管内流体,通过管壁与周围岩土之间的换热进行热量传递的,可以说岩土和换热管内流体的温差是传热的动力。因此,获取工程所在地的岩土温度及其导热系数是进行工程设计、地下传热分析的基础。

土壤源热泵系统一般需要在地下打井,因此一个地区的地貌形态对其有着重要的影响。第四系厚度是评价钻井条件与施工条件的指标,与坚硬的基岩相比,第四系松散堆积物施工相对容易;土壤源热泵系统在应用时出现最大的问题就是冷热负荷的不平衡,含水层总厚度对平衡冷热负荷的不均匀起到决定性的作用。

卵石层土壤具有强烈离散特性,卵石地层孔隙通道较多、自稳性较差。在施工过程中经常遇到的地质条件就是卵石层,钻机钻进过程中可能碰到钻孔孔壁塌陷、钻孔困难、卡钻、掉钻等一些问题,导致工期延长、工程所用的材料增加、施工成本费用增加等诸多问题。

1.5.1.2　定量分析要素指标层的确立

在如表1-2所示的8篇相关文献中,水文地质条件的要素指标层主要有岩土层的岩性及结构、地下水赋存状况、渗透系数、地下水水质及径流条件、含水层分布、地下水位、第四系厚度。这些指标主要反映地下水的状况及第四系厚度,地下水的状况可以用含水层总厚度这一指标来替代,卵石层厚度能很好地反映水文地质条件。

表 1-2　土壤源热泵系统适宜性评价的相关文献

相关文献	准则层			
	水文地质条件	热物性参数	施工条件	环境条件
1. 刘建霞,李清平,索立涛,等. 山东省鲁东地区浅层地热能资源评价[C]∥地温资源与地源热泵技术应用论文集(第四集),2011.	岩土层的岩性、结构、地下水赋存状况	岩土层的导热性能、换热效率、导热系数、温度	岩土体的密度、比热	
2. 于彦,田信民. 天津市浅层地热能开发利用数据库的建设与研究[C]∥地温资源与地源热泵技术应用论文集(第四集),2011.	渗透系数、地下水水质	地温梯度、热导率、比热容		
3. 官煜,魏永霞,陈学锋,等. 浅层地热能开发利用适宜性分区方法研究——以安徽省浅层地热能调查评价为例[J]. 安徽地质,2014,24(1):28-31.	地层岩性及结构、地下水径流条件	综合热导率平均比热容	岩土体坚硬程度、城市覆盖率	地貌形态、地质灾害易发程度
4. 王涛. 宁夏沿黄河经济带重点城市浅层地热能利用适宜性评价研究[D]. 西安:长安大学,2011.	潜水埋深、第四系厚度、含水岩组介质类型、潜水水质、承压水水质	综合热传导系数、平均比热容		水源地保护区、地质灾害、地形地貌
5. 唐凯,张旭,周翔,等. 不同地质气候条件对地埋管换热器的影响及其适宜性评价[C]∥走中国创造之路——2011中国制冷学会学术年会论文集,2011.		土壤温度、地温相对稳定性、土壤导热系数、密度与比热乘积		钻孔成本
6. 刘建霞,原晓军,索立涛. 基于层次分析法的鲁东地区浅层地热能适宜性评价[J]. 海洋地质前沿,2012,28(10):65-70.	含水层分布、地下水位、地下水流动条件、地下水水质	地层岩性、地层厚度、地层热物理性质		地层岩体的热传导率、地热影响范围
7. 董殿伟,江剑,王立发,等. 北京市平原区地源热泵系统适宜性分区评价[J]. 北京水务,2010,2:12-14.	第四系厚度、地下水位埋深、地下水径流条件、分层水质状况	综合热传导系数、平均比热容	钻井条件、城市覆盖率	
8. 王楠,曹剑峰,赵继昌,等. 长春市区浅层地温能开发利用方式适宜性分区评价[J]. 吉林大学学报(地球科学版),2012,42(4):1139-1144.	地层结构、岩性、地下水流速	地温、导热系数、平均比热度		

热物性的要素指标层主要有岩土层的导热性能、换热效率、导热系数、地温梯度、热导率、比热容、土壤平均温度、地温相对稳定性、土壤导热系数、密度与比热乘积、地层岩性、地层厚度、地层热物理性质。在这些指标中土壤平均温度及土壤导热系数是比较重要的，这两个系数能更好地反映土壤热物性，其他的指标相对于"土壤平均温度与导热系数"所占的权重比较小，可以忽略。

1.5.2 土壤源热泵系统地域适宜性评价指标的确定与权重

为了使本文所确定的指标更具科学性和代表性，对土壤源热泵系统地域适宜性指标选取制作了专家咨询问卷，由热泵、暖通空调等相关领域的专家对不同指标进行评分。

本次调查问卷的目的在于确定夏热冬冷地区土壤源热泵系统区域适宜性评价指标，采取表格的形式，选出个人认为比较重要的 6 个评价指标，表 1-3 所示为土壤源热泵系统地域适宜性评价的各项指标。

表 1-3　土壤源热泵系统地域适宜性评价的各项指标

水文地质条件	热物性参数	施工条件	环境条件	选出 6 个重要的指标
A 岩土层的岩性结构 B 地下水赋存状况 C 第四系厚度 D 卵石层厚度 E 含水层总厚度	F 岩土层的导热性能 G 换热效率 H 土壤导热系数 I 土壤平均温度	J 场地岩土体的密度 K 岩土体的比热	L 水源地保护区 M 地质灾害 N 地形地貌	

1.5.2.1 土壤源热泵系统地域适宜性相关规范

《民用建筑供暖通风与空气调节设计规范》（GB 50736—2012）中 8.3.4 条规定：应通过工程场地状况调查和对浅层地能资源的勘察，确定地埋管换热系统实施的可行性与经济性。

土壤源热泵系统的适宜性评价指标，目前我国暂无规范与标准要求，行业内多数参考标准《浅层地热能勘察评价规范》（DZ/T 0225—2009）中的划分原则，如表 1-4 所示。

表 1-4　土壤源热泵系统适宜性分区标准

分区	分区指标（地表以下 200 m 范围内）			综合评判标准
	第四系厚度（m）	卵石层厚度（m）	含水层厚度（m）	
适宜区	>100	<5	>30	三项均符合
较适宜区	50～100	5～10	10～30	不符合适宜区和不适宜区分区条件
不适宜区	<50	>10	<10	至少一项符合

1.5.2.2 土壤源热泵系统地域适宜性评价指标的确定

通过上述分析，结合各个省市的浅层地热能评估报告或水文地质资料，最终确定土壤源热泵系统地域适宜性评价指标为第四系厚度、含水层总厚度、卵石层厚度、土壤平均温度、土壤导热系数、地形地貌。

1.6 小 结

浅层地热能是地球热能的重要组成部分,通常位于地球表层变温层之下。浅层地热能的温度略高于当地平均气温 3 ~ 5 ℃,温度比较稳定,分布广泛,储量巨大。同时,浅层地热能是一种节能环保的可再生能源,其安全性强,可就地取用。

浅层地热能的利用,主要是通过热泵技术的热交换方式,将赋存于地层中的低品位热源转化为可以利用的高品位热源,既可以用于供热,又可以制冷。目前,常用的热泵系统形式主要有地下水源热泵系统和土壤源热泵系统。

地源热泵系统的应用是有条件的,不能盲目采用地源热泵系统。本节通过定性与定量的分析,确定出土壤源热泵系统区域适宜性评价指标,主要有第四系厚度、含水层总厚度、卵石层厚度、土壤平均温度、土壤导热系数、地形地貌。

第 2 章 土壤热物性测试的意义及发展现状

2.1 土壤热物性测试的意义

我国的建筑热工区划中共有五个气候区域,即严寒地区、寒冷地区、夏热冬冷地区、夏热冬暖地区和温和地区。除了温和地区不需要冬季供暖和夏季制冷,其余四大分区均需冬季供暖或夏季制冷,尤其是寒冷地区和夏热冬冷地区,既需要冬季供暖,又需要夏季制冷。

土壤源热泵系统作为一种能够同时实现夏季制冷和冬季供暖的空调方式,具有良好的环境和经济效益,是解决建筑热舒适问题的重要手段。尤其是近年来,在国家政策和法规的大力支持和推动下,土壤源热泵系统发展迅速,前景广阔。

土壤的热物性参数是土壤源热泵系统在设计、运行等诸多环节中最基本、最重要的参数,其主要指标参数有导热系数、比热容、导温系数等,它们是计算地下浅层能量平衡、能量分布特征和蓄能能力的基本参数,直接影响着浅层地热能的可持续开发和利用。准确测定土壤热物性并掌握其变化规律,是土壤源热泵系统在满足空调使用条件的同时,发挥其节能、经济、环保等优势的重要保障。因此,准确测量土壤热物性参数有着重要的意义。

2.1.1 工程设计的需要

土壤导热系数的大小直接影响到土壤源热泵地埋管换热器的换热效率,因此在热泵工程建设过程中,其测定及影响因素成为备受瞩目的关键问题。近年来,国内科研工作者进行了大量研究证实,如果土壤源热泵地埋管周围土壤的导热系数测量不准确,设计的系统可能无法满足供暖制冷需要的负荷;如果设计的系统过大或过小,将直接影响热泵容量的选择、地埋管最佳间隔和埋管深度的设计,不利于工程投资和系统的稳定运行。研究结果表明,当地下岩土的导热系数发生 10% 的偏差,则设计的地下埋管长度偏差为 4.5% ~ 5.8%[14],有可能造成换热量不足或初始投资大大增加。因此,能否准确获取土壤热物性参数关系到换热器设计是否成功。

2.1.2 地质情况复杂多样

众所周知,我国幅员辽阔,是一个土壤环境和气候多样性的国家,该技术在不同地区的适应性问题就显得尤为突出。因此需要研究不同地区的气候特性以及地下土壤特性,土壤热泵的应用也应当遵循因地制宜的原则,针对不同地区采用不同的设计方法,提出行之有效的技术措施,对土壤源热泵系统的应用具有重要意义。

2.1.3 工程技术规范的要求

《地源热泵系统工程技术规范》(GB 50366—2005)(2009 年修订版),为了统一规范岩土热响应试验方法、正确指导土壤源热泵系统的设计和应用,专门针对以下两个问题进行了

修订:

(1)简单地按照每延米换热量来指导土壤源热泵系统的设计和应用,给土壤源热泵系统的长期稳定运行埋下了很大的隐患。

(2)没有统一的规范对岩土热响应试验的方法和手段进行指导和约束,造成土壤热物性参数测试结果不一致,致使土壤源热泵系统在应用过程中存在一些问题隐患。

规范修订增加了土壤热物性热响应测试方法及相关内容,并附有条文说明。规定:对于应用建筑面积 5 000 m² 以上的地埋管地源热泵工程,应进行地下岩土热响应试验。地下换热器的设计应根据埋管现场热响应测试出的土壤热物性参数,采用专用软件进行计算,并以此作为地源热泵系统长期运行后土壤热平衡校核计算的依据。

综上所述,在选用土壤源热泵系统的实际工程中,进行土壤热物性测试十分重要,与此同时,必须严格按照工程技术标准进行热物性测试。

2.2 土壤热物性测试研究与发展现状

土壤热物性测试作为土壤源热泵系统设计的关键步骤,其测试结果直接关系到热泵系统的成败。因此,针对土壤热物性测试这一问题,近十几年来国内外学者们进行了一系列的研究。

2.2.1 国外研究与发展现状

国外对土壤热物性测试的研究从 20 世纪 80 年代开始,到目前为止,国外学者们已经做了大量的基础工作,形成了比较实用的数据库[15]。例如,瑞士政府委托苏黎世大学和相关的公司合作,对瑞士整个地下岩土体导热系数做了系统的研究,为瑞士地源热泵技术的推广提供了准确的热物性参数,对地源热泵技术在瑞士的发展起到了推动作用。

1833 年德国的一位物理学家首先提出探针法,到了 20 世纪 50 年代 Hooper& Lepper 用此法结合线热源模型,成功进行了岩土导热系数的测定。为了保证测量结果的准确性,使用探针法进行测量分析时必须选取同深度岩土层最具代表性的试样,尽管如此,测试结果仍会受到取样和储存过程中诸多因素的影响,而且用探针法很难考虑埋管形式、构造和地下水流动对岩土导热系数的影响。

1983 年 7 月,Mogensen 提出了试验井现场测试法,也就是热响应测试[16]。Eskilson(1987)和 Hellstrom(1994)按照 Mogensen 的试验方案分别建立 1:1 的试验测试系统,对试验井周围的岩土导热系数进行了测试,得出了比较准确的计算结果。现场测试法易于考虑现场岩土条件和埋管井的结构特点等因素,所以能够较准确的测量出岩土的热物性参数。因此,最近几年国外研究者更注重现场测试的研究,并开发了用于现场测试的便携式测量装置和相关计算程序。

1995 年瑞典和美国分别研制了基于用水回填和用固体填料回填的井孔试验测量设备,并且该试验测量设备可以移动,能够在不同的试验井上进行测试。这两种设备都采用恒定的输入功率。

现场测试是在将要埋设地下换热器的现场钻孔打井埋管,回路中充满水并循环流动,测量并记录时间及其所对应回路中水的温度,最后根据一定的传热模型处理试验数据得出所需岩土热物性参数。这个试验称为现场热响应试验,后文会详细介绍。

2.2.2 国内研究与发展现状

相比国外土壤热物性测试的研究,我国起步相对较晚,但是近些年来相关学者做了大量工作,一些高校和科研机构对土壤热物性测试技术进行了专题研究,取得了很多研究成果。

2000 年北京工业大学的王婧等在试验室设计了一套土壤源热泵试验系统,结合线热源法对试验数据进行了处理,计算出了岩土导热系数。

2002 年西安交通大学的冯健美等在不同含水量、不同干密度的状态下,利用探针法对岩土和黄砂进行了测试,并得到了岩土导热系数值。同年山东建筑工程学院的方肇洪和于明志进行了岩土热物性参数的现场测试,结合线热源模型得到了岩土导热系数和井内热阻。

2003 年中国地质大学(北京)主要研究了岩土热物性测试仪的设计、钻孔回填材料以及土壤源热泵系统优化等问题,并在 2005 年推出了一台土壤热物性测试仪[17]。

2004 年同济大学的张旭、高小兵利用探针法对不同含水率和密度的土砂混合物的导热系数进行了测量。

2005 年浙江大学的庄迎春,谢康等利用平板探针原理研究了砂和膨润土及其与水泥混合材料的导热性能。

2006 年于明志、彭晓峰等忽略了钻孔内的回填材料导热系数、埋管间距、埋管位置等影响因素,整体概括为钻孔内热阻,利用参数估计法对钻孔内热阻、土壤导热系数和容积比热容求解,然后根据所求的参数推演出运行温度,并且与实际运行温度进行对比。研究表明这种数据处理方法能满足工程需求,且简单实用[18]。

2007 年山东建筑大学习乃仁等针对深层岩土进行了热物性的现场测试,测试结果满足工程精度要求。在我国,测量岩土或岩土层的热物性,过去主要应用于农业或是油田的输油管道设计,测量深度较浅,缺少地区性服务于地源热泵技术深层应用(0~300 m)的岩土体热物性数据[19]。

2008 年东华大学雷鸣、周亚素等分别模拟冬季工况和夏季工况,运用热响应试验法对岩土的热物性参数进行了测试。研究表明 U 形管内流速的改变对测试结果的影响不大,测试井深度取 60 m 时比取 40 m 时测出的岩土导热系数大 3%,并且其研究指出冬季取热工况测出的岩土导热系数是夏季排热工况测出的导热系数的 1.15 倍[20]。

2009 年天津大学的宋欣阳、赵军等着重研究了热探针法和热响应测试法的原理、误差和适用范围。研究指出当含水率、干密度均较小时,其对测试结果的影响并不大。当含水率比较小时,含水率对测试结果起主导作用;当含水率达到一定程度后,干密度对测试结果起主导作用。研究还提出了高拟合度的土壤热物性拟合公式[21]。

2009 年张锦玲、胡平方将遗传算法运用于岩土热物性测试数据处理过程中,研究将岩土密度、岩土比热容、岩土导热系数、岩土热阻 4 个参数设定为未知参数,将试验数据代入目标函数迭代求解,最终得出 4 个参数的最优值组合。这种数据处理方式将岩土密度和岩土比热容分别计算出来,比传统的数据处理方式具有一定的优势[22]。

2010 年武汉理工大学的唐克琴、周树民引入了小样本统计推断方法——自助法,对土壤的导热系数进行了估计。这种运用数学抽样估计的方法也为地埋管换热器的设计研究提供了很多参考[23]。

2010 年赵景、王景刚等主要研究了测试时长、初始地温等对测试结果的影响。研究表明测试时间达到 50 h 后测试结果的波动逐渐减小，初始地温的测量对测试结果影响非常大，0.5 ℃ 的测量误差对测试结果都能造成 10% 的影响[24]。

2011 年王海标针对 ASHRAE 手册中规定的在完成了 48 h 测试的情况下，第二次测试需要等待 U 形管回路中流体温度恢复到与岩土原始温度的温差小于 0.3 K 这一问题，进行了详细研究。研究指出了在不同的初次测试时间长度下为满足这一规定需要等待的时间[25]。

2011 年东南大学郑晓红、任倩等通过对近水源与远水源钻孔分别运用热响应法和试验室法对岩土的导热系数和热扩散率进行了测试。研究结果表明，靠近水源的钻孔由于地下水流动的影响，导热系数较靠水源远的测试井大，并且热响应测试法的测试结果比试验室法的测试结果更加准确合理[26]。

近年来我国土壤源热泵系统的发展非常迅速，据住房和城乡建设部 2014 年发布的数据：截至 2009 年底，全国地源热泵系统应用面积近 1 亿 m^2。到 2013 年底，该面积已达 3 亿 m^2。2005 年我国发布了国家标准《地源热泵系统工程技术规范》（GB 50366—2005）。为统一规范岩土热响应试验方法，以准确获得岩土热物性参数，并于 2009 年对该规范进行了修订，使其更加完善合理，进一步规范地埋管地源热泵系统的工程应用。

通过大量的研究与学习，"十二五"国家科技支撑计划项目"浅层地热能集成应用技术与评估及示范"进一步研究了土壤热物性测试技术。主要通过搜集和研究热物性测试原理与方法，提出一套多工况的热物性测试方法；在典型地区钻孔测试，验证热物性测试方法的正确性和准确性，修正提出的热物性测试方法；实现了土壤热物性测试的动态监测。上述内容将在后文中详细介绍。

2.3 小 结

随着土壤源热泵技术的不断发展与广泛应用，土壤源热泵系统工程项目日益增多。同时一些在设计、施工、运行中潜在的问题也逐渐暴露出来。设计环节是整个土壤源热泵系统的关键环节，合理的设计是保证系统良好运行，实现其节能环保、达到建筑节能目的的关键所在。

土壤的热物性参数是土壤源热泵系统在设计、运行等诸多环节中最基本、最重要的参数，其主要指标参数有导热系数、比热容、导温系数等，它们是计算地下浅层能量平衡、能量分布特征和蓄能能力的基本参数，直接影响着浅层地热能的可持续开发和利用。因此，准确测定土壤热物性并掌握其变化规律，是土壤源热泵系统在满足空调使用条件的同时，发挥其节能、经济、环保等优势的重要保障。

根据《地源热泵系统工程技术规范》，对于应用建筑面积 5 000 m^2 以上的土壤源热泵工程，应进行地下岩土热响应试验。岩土壤热响应试验的主要目的是了解岩土体的基本物理性质，在此基础上，掌握岩土体的换热能力，为地源热泵系统设计人员结合建筑结构、负荷特点等设计系统优化方案提供基础数据，以保障系统长期高效运行。

"十二五"国家科技支撑计划项目"浅层地热能集成应用技术与评估及示范"深入研究了土壤热物性测试的相关理论和技术,汇总了几种测量土壤热物性的方法,比较其适用范围及优缺点,旨在总结出一种合理的改进型土壤热物性测试方法。

第3章 土壤热物性测试方法及适用性分析

土壤是由岩石经风化作用形成的松散堆积物,由三类不同的物质组成:固相(矿物颗粒和有机质)、液相(水溶液)和气相(气体)。固体颗粒构成土壤的骨架,土壤骨架间有空隙,空隙中充填着水和空气。不同岩土层的土壤组成成分有很大差别,且其含水量、密度、空隙比等自身属性也在不断变化,因而土壤的导热系数并没有确切的固定数值。而对土壤源热泵地下换热系统的设计来讲,需要确定在换热器敷设深度范围内土壤热物性的有效值。因而本章在简单介绍土壤热物性参数的基础上,重点分析土壤热物性的确定方法,主要有土壤类型辨别法、稳态试验法、数值计算法、探针法和现场热响应试验测试法。

3.1 土壤热物性参数介绍

土壤热物性对土壤源热泵系统的性能影响较大。它是土壤源热泵系统设计和研究过程中最基本、最重要的参数,它直接与土壤源热泵系统的地埋管换热器的面积和运行参数有关,是计算有关地表层中的能量平衡、土壤中的蓄能量和温度分布特征等所必需的基本参数。

土壤属于多孔介质,描述其热物性的基本参数主要包括土壤的密度 $\rho(\mathrm{kg/m^3})$、含水率 $w(\%)$、空隙比 l、饱和度 S_r、比热容 C_p 及导热系数 $\lambda[\mathrm{W/(m \cdot K)}]$ 等。下面分别说明其定义和测定方法。

(1)含水率 $w(\%)$。土壤的含水率可按下式确定:

$$w = \frac{m_o - m_d}{m_o} \times 100\% \tag{3-1}$$

式中　m_o——V 体积内天然土质量,kg;

　　　m_d——V 体积内干土质量,kg。

其中,m_d 和 m_o 均采用重量法测定。m_d 是通过把湿土在 $105 \sim 110$ ℃恒温环境中烘干,烘干时间大于等于 8 h 后称重得到。

(2)土壤的密度 $\rho(\mathrm{kg/m^3})$。土壤的密度分为湿密度和干密度。

土壤湿密度:

$$\rho_o = \frac{m_o}{V} \tag{3-2}$$

根据湿密度及含水率的表达式,可以得到土壤干密度为

$$\rho = \frac{\rho_o}{1 + 0.01\omega} \tag{3-3}$$

(3)饱和度 S_r。空隙被水充满的土称为饱和土。试验时按照土壤的性质如颗粒构成、渗透性等选择试验方法。其中,砂土可以直接采用浸水饱和法;黏土渗透系数大于 $10^{-4}\mathrm{m/s}$ 时,可以采用毛细管法;黏土渗透系数小于或等于 10^{-4} m/s 时,可以采用抽气饱和法。

试样的饱和度按下式计算：

$$S_r = \frac{w_s d_s}{l}$$ (3-4)

式中　S_r——试样的饱和度(%)；

　　　w_s——含水率(%)；

　　　d_s——土粒的相对密度；

　　　l——土壤的空隙比。

表 3-1 给出了上海地区土样的参数范围。

表 3-1　上海地区土样的参数范围(括号内为取土深度)　　　(单位:m)

参数	含水率 w (%)	密度 ρ ($\times 10^3$ kg/m³)	空隙比 l	饱和度 S_r (%)
最高值	53.2 (6.0~6.3)	2 (29~29.3)	1.45 (6.0~6.3)	100 (2~2.3)
最低值	24.2 (29~29.3)	1.72 (6.0~6.3)	0.67 (29~29.3)	85.7 (4.0~4.3)

(4)比热容 C_p。土壤是一个多相体系,其各组分的比热容相差很大,见表 3-2[27]。水的比热容较大,为固相部分的 2 倍左右,因此,土壤内含水越多,则其比热容越大,温度变化就越慢;反之,土壤内含水越少,则其比热容越小,温度变化也就越快。其次比热容还取决于土壤的矿物组成成分,一般来说,砂性土壤的比热容比黏性土壤小,因此,砂土升温快,而黏土升温慢。

表 3-2　土壤各组分比热容和导热系数

土壤成分	比热容[J/(kg·K)]	导热系数[W/(m·K)]
石英砂	820	2.43
石灰	896	1.67
黏粒	933	0.87
泥炭	1 997	0.84
水分	4 186	0.50
土壤中空气	1 005	0.021

(5)导热系数 λ[W/(m·K)]。在描述土壤热物性的诸多参数中,土壤的导热系数最为重要。其定义式为

$$\lambda = -\frac{\vec{q}}{\partial T/\partial n}$$ (3-5)

式中　$\vec{q}$——法线方向的热流通量,W/m²；

　　　$\partial T/\partial n$——法线方向的温度梯度,K/m。

已有研究表明[28]，土壤的导热系数和土壤的密度、含水率、空隙比、饱和度有关。当土壤的种类确定时，饱和度和空隙比也就随之确定了，而土壤的温度对土壤导热系数的影响不大。因此，对土壤的导热系数起决定作用的是密度 ρ 和含水率 w。根据测试结果回归分析，土壤导热系数与含水率 w、干密度 ρ 的试验关联式及不同工况试验参数适用范围见表3-3。

表3-3　土壤导热系数关联式及其适用范围

土壤类型	导热系数关联式	相关系数 R	适用范围	
			含水率 $w(\%)$	干密度 $\rho(\%)$
纯土	$\lambda = 1.3 \times 10^{-8} \times w^{1.10} \rho^{1.95}$	0.970 2	15～35	873.13～1 307.27
纯砂	$\lambda = 1.3 \times 10^{-7} \times w^{0.33} \rho^{2.0}$	0.923 8	5～20	1 197～16 973.25
土:砂=1:2	$\lambda = 1.3 \times 10^{-6} \times w^{0.87} \rho^{1.40}$	0.990 3	5～20	1 117～1 642.58
土:砂=2:1	$\lambda = 1.3 \times 10^{-10} \times w^{0.79} \rho^{2.79}$	0.980 5	5～20	1 001.89～1 409.1

由于土壤是包含固、液、气三相的粒状介质，故其热物性取决于各组分的容量比例、固体颗粒大小和排列以及固、液相间的界面关系。表3-4列举了矿物质、水和空气的导热系数和单位溶剂热容量的大致数值范围。因为水和空气的导热系数比矿物质小，所以岩土导热系数将会随着孔隙率的增加而减小。

土壤容重的增加可降低孔隙率，并改善固体颗粒间的热接触，减少空气含量，使土壤总的导热率增加。此外，由于水的比热容较大，因此当含水量增加时，岩土的比热容也增加。如果岩土的孔隙率很低，则其热物性主要由其中的矿物质决定。如果岩土的孔隙率较高，则岩土的含水量对其热物性会产生重要的影响。水渗透到土壤中使其容重变大会造成导热率的增加，比容重大的密实土壤所造成的影响大得多。这是因为颗粒间接触点上出现的水膜不仅减少了接触热阻，而且用水分取代了土壤孔隙间的空气。同时，潮湿土壤中热湿迁移的作用大大增强，这些使其传热能力远大于相同密度下干燥的土壤。

表3-4　矿物质、水、空气的导热系数和体积热容量

物质种类	导热系数 W/(m·K)	体积热容量 MJ/(m³·K)
矿物质	2～7	～2
水	0.6	4.2
空气	0.024	0.001 3

3.2　土壤类型辨别法

土壤类型辨别法是一种传统的土壤导热系数估算方法，又称直接测量法。在设计地源热泵地下换热器时，根据钻井取下的样品，确定井孔周围土壤或岩石的类型，然后查表获得工程所在地的岩土参数。现阶段能查到的数据一般有土壤密度、导热系数、热扩散率等。这种方法的一般做法是：采集工程所在地沿深度方向的岩土种类，根据岩土种类查岩土热物性

参数表,然后根据各岩土种类沿深度方向的比例对岩土热物性参数进行加权平均,求得岩土的热物性参数。

表 3-5   几种典型土壤、岩石及回填材料的热物性[29]

岩土类型		λ 导热系数 (W/(m·K))	a 扩散率 ×10⁻⁶ (m²/s)	密度 ρ (kg/m³)
土壤	致密黏土(含水量15%)	1.4 ~ 1.9	0.49 ~ 0.71	1 925
	致密黏土(含水量5%)	1.0 ~ 1.4	0.54 ~ 0.71	1 925
	轻质黏土(含水量15%)	0.7 ~ 1.0	0.54 ~ 0.64	1 285
	轻质黏土(含水量5%)	0.5 ~ 0.9	0.65	1 285
	致密砂土(含水量15%)	2.8 ~ 3.8	0.97 ~ 1.27	1 925
	致密砂土(含水量5%)	2.1 ~ 2.3	1.10 ~ 1.62	1 925
	轻质砂土(含水量15%)	1.0 ~ 2.1	0.54 ~ 1.08	1 285
	轻质砂土(含水量5%)	0.9 ~ 1.9	0.64 ~ 1.39	1 285
岩土	花岗岩	2.3 ~ 2.7	0.97 ~ 1.51	2 650
	石灰岩	2.4 ~ 3.8	0.97 ~ 1.51	2 400 ~ 2 800
	砂岩	2.1 ~ 3.5	0.75 ~ 1.27	2 570 ~ 2 730
	湿页岩	1.4 ~ 2.4	0.75 ~ 1.27	—
	干页岩	1.0 ~ 2.1	0.64 ~ 0.84	—
回填料	膨润土(含有20%~30%的固体)	0.73 ~ 0.75	—	—
	含有20%膨润土、80% SiO₂ 沙子的混合物	1.47 ~ 1.64	—	—
	含有15%膨润土、85% SiO₂ 沙子的混合物	1.00 ~ 1.10	—	—
	含有10%膨润土、90% SiO₂ 沙子的混合物	2.08 ~ 2.42	—	—
	含有30%混凝土、70% SiO₂ 沙子的混合物	2.08 ~ 2.42	—	—

记录岩土热物性参数的手册很多,国际热泵协会主编的《Soil and Rock Classification Manual》包含有相关内容,同时《2007 ASHRAE Handbook—HVAC Applications》一书中也有土壤热物性参数的相关数据。表 3.5 列出了几种典型土壤、岩石及回填材料等的热物性参数。

然而,不同地理位置的土壤或岩石类型不同,即使在同一地理位置,在整个井孔的深度范围内,岩土类型、构成也是复杂多变的,很难获得详细的地质结构资料。另一方面,同一种类型的土壤,通过查表获得的导热系数的取值范围较大。设计地下换热器时,如果选择的导热系数值过小,则设计出的井孔深度偏大,井孔数目多,投资成本大大增加;如果选择的导热系数值过大,则不能保证系统的正常使用要求。为了保证系统能满足负荷要求,设计师通常选取较小的土壤导热系数。但这样,井孔的数目和深度会变大,系统的初始投资成本会增加。因此,此种方法只能用于估算土壤导热系数的取值范围,不适宜用于土壤源热泵系统的设计。

3.3　稳态试验法

稳态试验法是采集土壤样品在试验室内进行的稳态测试。顾名思义,稳态试验法是需要在待测样品的温度分布达到稳定之后开始进行,稳态试验法的基本原理是傅里叶导热定律:

$$Q = \lambda A \frac{\Delta T}{\delta} \tag{3-6}$$

式中　Q——加热功率,W;

　　　A——样品的横截面积,m^2;

　　　δ——样品的厚度,m;

　　　λ——待测物导热系数,W/(m·K)。

从傅里叶导热公式可以看出,对于具有确定横截面面积和厚度的样品,以恒定的热功率加热,达到稳定状态后,测量出冷热表面的温差,就可以计算出待测物的导热系数。最有代表性的稳态试验法是热盘法,也就是稳态平板法。测试时,两块同种的测试样品分别放于主加热器平板的上下两面。平板周围有副加热器,以减小水平方向的热损失,保证主加热器的热流在垂直方向上传递。在样品的外表面装有液冷装置。加热一定时间后,在样品内部获得稳定的温差。这样根据已知的样品厚度、面积和加热功率,就可以用傅里叶导热定律计算出样品的导热系数。其他的稳态试验法都和热盘法类似,如分棒法、多层同心圆柱法和圆球法等。

稳态试验法得出的土壤导热系数与实际地下土壤的导热系数存在一定的误差,其主要原因是土壤从地下取出到进入试验室测试过程中,土壤的含水量、孔隙率等参数都有一定的变化,不能代表地下土壤的真实值。而土壤的含水量、孔隙率对土壤导热系数的影响十分显著[30]。

稳态试验法不考虑径向的热流损失量,假设热量全部沿垂直于样品横截面的方向传递,因此在主加热器的四周装有副加热器(保护加热器)来减小径向热量损失。实际上这种热量散失带来的实际影响不能完全忽略,并且这种方法只能单纯地测量地下岩土的导热系数,其他参数如土壤的热扩散系数、密度、容积比热容等还需另外测试,这也限制了其在实际工程中的应用。

综合来说,稳态试验法的测试条件不能真实地反映土壤的存在形式,并且测试过程中存在的误差也不能被忽略。稳态试验法比土壤类型辨别法更能真实的反应土壤的热物性参数,然而对于土壤源热泵工程的实际应用缺乏工程意义,单独作为以试验为目的的测试能够达到预期的试验效果,而运用于工程中还存在明显的缺陷,显然不适用于现在作为土壤源热泵系统设计阶段的土壤热物性测试环节。

3.4 数值模拟法

土壤是典型的多相系多孔介质,由固相的矿物成分、水和空气组成。土壤的组分和空间结构不同,其热物性会随之变化。为了描述方便,将含水的多孔土壤看作是由固态的矿物成分、水分和空气组成的三组分复合介质。土壤的孔隙率,即水和空气的所占体积分数用 p 表示。土壤的含湿量用饱和度 w 描述,对于干土壤 $w=0$,对于饱和土壤 $w=1$,水分所占的体积分数为 $p \times w$。

导热系数是介质热传输能力的基本参数,为了得到土壤的宏观等效导热系数,假设土壤中的 3 种组分在空间上是随机分布的。土壤的取样空间尺度为 L,取统一的离散尺度为 L_0,则取样空间中含有 N^D 个节点($N=L/L_0$,D 为空间维数)。由计算机产生 N^D 个($0 \sim 1$)之间的随机数 x,若 $x \geqslant p$ 为固相,$p > x > p \times w$ 为空气,$x \leqslant p \times w$ 为水。这样,在给定的 p 和 w 条件下,就生成了一个随机结构的三组分的多孔介质。通常土壤颗粒和孔隙的尺度较小,可忽略流体的对流作用;土壤温度一般不会超过 100 ℃,亦可忽略通过孔隙的热辐射。若固相的矿物成分、水和空气这三种组分的导热系数分别已知,借助已经生成的具有确定结构的介质中热传导问题求解,可以得到土壤的有效导热系数。

3.5 探针法

探针法是一种瞬态法,可以采集样品在试验室内测量,也可以在工程现场方便快捷地测出井孔周围的土壤导热系数。

3.5.1 探针原理及方法

探针法测量土壤热物性的原理为 4.1 节介绍的 Kelvin 线热源模型理论,与之相适应的假设条件如下:

(1)探针无限长,传热过程按圆柱坐标轴对称的一维问题处理。

(2)被测物体内部热物性均匀一致,而且被测物体的物性不随温度变化。

(3)测试前被测物体内部各点温度相同。

(4)探针为集总热容物体,不考虑其内部温度不均匀分布的影响。

(5)探针与被测物体之间无接触热阻。

如图 3-1 所示,常见的探针主要由五部分构成:加热器(恒功率)、热电偶温度计、绝缘体、填料(一般用石蜡)和金属壳。加热器和温度传感器一般都置于绝缘体(可用陶瓷或环氧树脂材料)内,然后外面加上金属外壳。热电偶位于探针的中心位置,因此测量到的温度是热探针中心的温度值变化。

探针法模拟了地下换热器向地下放热的过程,但由于探针直接插入被测土壤介质当中,相当于地源热泵埋管换热器传热模型中少了管内对流热阻、管壁热阻、管壁与回填材料热阻等热阻对传热过程的影响。因此,该传热模型更加简单。

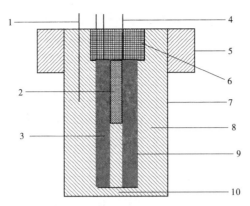

1—加热器引线;2—热电偶;3—陶瓷管;4—热电偶引线;5—不锈钢套管;6—环氧树脂;
7—不锈钢管;8—石蜡填料;9—双股加热器绕线;10—焊接封头

图 3-1　热探针结构

3.5.2　探针法影响因素分析

在实际试验测量过程中,上节中假设条件未必都能满足。因此,即使测量过程准确可靠,探针法测量得出土壤导热系数的方法仍存在原理性误差。对应上述几点假设,分析实际测量中不同于假设的各因素导致的原理性误差对试验结果的影响。

(1)探针长度有限:由于实际探针的长度是有限的,在实测时探针的一端暴露于外界,与被测土壤的表面构成一个与大气换热的表面,在被测物和探针套管中都存在轴向温度梯度。由于被测土壤和套管的导热系数相差悬殊,被测物和套管的轴向传热将相互影响而形成一个轴对称的二维导热问题。加热初期,探针的加热只涉及套管外侧极薄的一层被测土壤,轴向传热主要限于探针套管,导致探针在不同深度处的径向热流不同。随着土壤温度变化范围的不断扩大,被测物内部沿探针轴向温度梯度也逐渐增大,使得必须对被测物轴向传热的作用与探针本身的轴向传热作用进行综合考虑。

(2)被测土壤热物性不均匀:现场实测土壤热物性时,由于土壤中湿迁移的作用,在地下的不同深度处,即沿探针轴向的土壤热物性往往是不一致的。这种土壤导温系数及导热系数随深度的变化,将使探针轴向产生附加的温度梯度,使探针的实际温升过程偏离理论方程式。利用差分法计算分析的结果表明,在温升过程中由于土壤导热系数沿探针轴向不均匀造成的相对偏差大致与导热系数沿轴向的变化率成正比。土壤热容量 PC 沿轴向的变化对温升过程的影响很小,实测中不必考虑。这表明,实测得到的热物性数据可以被认为是被测土壤在测量点附近的近似真实值。另外,被测土壤的导热系数随温度变化一般可认为是线性关系,不同土壤类型的导热系数随温度变化幅度不同。可根据不同土壤的变化状况确定其在试验中的温升上限,以保证在较小温度变化范围内测量结果的准确可靠。当在室内进行热探针试验时,通过控制被测土壤的均匀性及温升范围,可以避免这一假设所造成的误差。

(3)被测土壤初始温度不均匀:在现场测试时,探针轴向存在着土壤原始温度梯度(如前文提到的地质沿深度的温度变化),这也将会影响探针的温升。但是经过计算分析表明,实际土壤的初始温度变化不会达到导致测量结果出现明显偏差的程度,因此可以容许忽略土壤沿探针轴向初始温度不均匀对探针测点温升的影响。

（4）加热丝的热容量及探头内部热阻：实际上，在加热器与套管之间必然存在传热热阻，加热器本身也有一定的热容量，在升温过程中，加热器和套管的温度不会随时保持相同。因此，认为探针是集总热容物体，加热器与套管任一时间都能达到热力学平衡而具有相同温度的假设本身是存在误差的。

（5）探针与被测土壤之间的接触热阻：现场实测时，探针不可能与周围的土壤处处接触良好，难免会存在不同程度的局部接触热阻。特别是在探针测温点附近出现的接触热阻会使测得的管壁温度偏高。但在试验室内测量时，可尽量避免这一接触热阻，使之与假设条件吻合。

3.5.3　探针法的特点及适用范围

使用探针法测试土壤热物性时，具有制造成本低廉、测定仪器简单、测定时间短和准确度较高等优点，尤其适合测定含有水分的颗粒状材料。在测试土壤热物性时基本上保持原有的密度和孔隙度，由于其测试时间短，对土壤的含水率等物性影响不大，因而使测试结果更加准确可靠。

在现场实测的环节中，由于土壤的实际状况比较复杂，且一般的土壤源热泵系统，井深通常在 50 m 以上，要得到该深度条件下的土壤导热系数，采用探针法测试很难进行。因此，探针法在一定程度上不适于现场试验测试，这也是限制探针法在现场测试的重要因素。而在试验室内利用探针法测量土壤热物性可以保证试验的准确度，并且可以避免一些原理性误差。因此，探针法在现场测试中受到诸多制约，但在试验室中测量典型土壤样品的热物性时，可以得到较为准确的试验结果。

3.6　现场热响应试验

3.6.1　现场热响应试验原理

1983 年 7 月，Mogensen 提出了试验井现场测试法，也就是热响应测试法。在工程所在地，建立一个试验井，试验井要与工程预先设计的井孔尺寸和结构相同，井内的换热器布置方式也与预先设计保持一致。将埋管换热器进、出口与热响应测试仪器连接，通过控制热响应仪器的加热或冷却过程达到改变埋管换热器内循环工质温度的目的，控制循环工质的流量使其与系统实际运行相同，模拟地源热泵实际运行时的工况。按一定的时间间隔记录试验井进出口工质温度、循环工质的流量，利用适当的传热模型，计算出工程当地的土壤热物性参数。

热响应试验设备就是一个闭式的加热设备，通过地下换热器给土壤加热，并记录相关温度数据，将所收集的数据通过专业数据分析软件进行分析，从而得到导热系数等参数。

对于大多数的单一放热或取热试验，一般采用 Kelvin 线热源模型来求解其土壤热物性，即根据流体随时间的温度变化值，拟合出温升值与时间对数的斜率来计算土壤导热系数。这种方法十分简单，对于大多数工程实践可以迅速得到所需的土壤热物性参数值。但是，由于工地现场上的一些不确定因素，如电压的不平稳以致不能保证加热热流密度值的绝对恒定等，这种计算方法过于粗糙，不能全面地分析换热器流体、回填材料、井壁等各个环节的传热过程对整个地下换热器的换热性能影响。

利用圆柱热源模型进行热响应试验的数据分析通常都结合数值计算方法,常见的是参数估计法求解地下土壤的热物性。具体思路为:通过控制现场测量装置的加热功率以使钻孔满足常热流边界条件。将通过传热模型得到的流体平均温度与实际测量得到的流体平均温度进行对比,根据参数估计法不断调整岩土的热物性参数(导热系数、导温系数及单位深度钻孔内的总热阻),使方差和 $f = \sum_{i=1}^{N} \left(T_{cal,i} - T_{exp,i} \right)^2$ 取得最小,则此时调整后的参数即为求得的平均土壤热物性参数值。其中,$T_{cal,i}$ 为第 i 时刻由模型计算出的埋管中流体的平均温度;$T_{exp,i}$ 为第 i 时刻实际测量的埋管中流体的平均温度;N 为试验测量数据的组数。

相比线热源模型,利用参数估计法计算土壤热物性精度较高,但是计算程序较为复杂,尤其是在考虑井群之间相互热作用、井深、埋管布置方式、埋管间距、换热器形式等对传热影响的情况下。该程序涉及的影响因素较多,需要综合考虑不同的情况。瑞典隆德大学开发的 EED 程序和美国俄克拉荷马州立大学开发的 GLHEPRO 程序均采用数值计算的方法,在地源热泵系统的设计计算中起到一定作用。

3.6.2　现场热响应试验的影响因素

在现场热响应试验的具体过程中,有许多因素影响着试验的结果。国内外许多专家学者都对影响热响应试验的因素进行试验或理论分析,具体分析如下。

3.6.2.1　测试井的代表性影响

热响应测试的主要目的是为地源热泵换热器设计与施工提供依据。因此,测试井的选择很重要。在大型项目上,为了降低测试井不能准确代表整个埋管地区土壤热性能的误差,应在多个钻孔上同时进行测试。测试井与其他的钻孔应该具有相同的打井深度、埋管、回填材料以及传热介质。

3.6.2.2　试验周期的影响

在计算岩土导热系数时,无论是固定计算开始时间还是固定计算结束时间,为了得到比较稳定的岩土导热系数值,必须要让数据保持一定的时间跨度,过少的数据会造成结果的波动。为了获得稳定的岩土导热系数,需要依靠较大的计算时间间隔,因此需要保证较长的测试时间,相关研究结果表明测试时间至少要保持在 48 h 以上。在《地源热泵系统工程技术规范》(GB 50366—2005)中也规定了,热物性测试试验时间必须保证 48 h 以上。

3.6.2.3　供电稳定性的影响

在线热源及圆柱热源模型假设中,都要求恒定的热流密度,因此在整个测试周期中供电的稳定性十分重要。若供电电压不稳定,则很难保证恒定的热量输入。为了减小电压波动所造成的影响,可以将输入的热量分解为阶梯状稳定热流输入,然后叠加到时间轴上。这样,任何给定时间点上的热量输入都可以描述为一系列时间间隔上热量输入之和。

3.6.2.4　热损失或热增益的影响

测试装置的环境热损失或热增益会给测试数据的分析带来困难,即使这种损失或增益的热量相对于系统与土壤传递的热量很小。尤其是在应用线热源模型进行分析时更会给数据分析过程带来负面影响。这就要求热响应测试装置和连接管道要做好绝热和保温工作。

3.6.2.5　不同深度土壤热导率的变化的影响

在进行热响应测试的分析时,通常假定土壤导热系数沿钻孔深度方向的性质是相同的。

但一般来说,与较深岩石或沉积物相比,浅层土壤导热系数相对较低。一般的热响应测试只能得出所有地层导热系数的平均值。在取热量的测试中,具有较高导热系数的土壤温度较低,而导热系数偏低的土壤温度往往偏高。

3.6.2.6 地下水流动的影响

地下水流动对钻孔换热性能的影响一直以来都是讨论的焦点。Chiasson 等基于地下自然水体沿地下容器反向传播的假设,提出了区域性地下水流动对地下换热影响的模型,主要应用于均匀多孔土壤材料。Eskilson、Claesson 和 Hellstrom 使用线热源理论对某一垂直钻孔试验进行了地下水的影响分析,认为在一般条件下,区域性地下水流动的影响是可以忽略的。Chiasson 等用二维有限元方法建立地下水流动和传热传质模型,认为只有在具有较强水力传输特性(如沙、砂砾层)和具有分级多孔特性的岩石(岩石裂缝)中,地下水的流动才会对钻孔的热力性能有较大的影响,仿真结果往往会得到较高的导热系数。单一裂缝或多裂缝分区还没有深入的研究。

此外,影响热响应试验的因素还包括确定土壤原始温度的试验初始运行时间,回填材料的类型、换热器内循环介质的流速、埋管布局、换热器类型等。

3.6.3 现场热响应试验的优点与不足

由于现场热响应试验真实地模拟了地源热泵的实际运行情况,其试验数据可以认为是系统实际运行的数据,因而利用现场热响应试验测量地下土壤的热物性参数无疑是进行地源热泵换热器设计的最佳方法。现场热响应试验的优势十分明显,包括其操作简单、测量方便、数据分析原理成熟、结果准确可信等。

然而,正如前文所述,影响热响应试验的因素有很多,在一定程度上制约着其测试结果的精度。除此以外,在热响应试验的具体操作过程中,热响应测试仪器的准确性、试验方法的规范性等都会对测试结果产生影响。某些实际工程中也发生过由于热响应试验结果数据偏差而导致打井数目不合理的现象。寻求一种能够避免热响应试验结果出现较大偏差的标尺,使之作为热响应试验结果准确程度的依据,可以减少不必要的误差。同时,在土壤条件近似的地区,可以根据该依据减少测试井数目,降低投资,节约成本。

3.7 小 结

本章节分析了几种不同的土壤热物性测试方法,包括土壤类型辨别法、稳态试验法、数值计算方法、探针方法和现场热响应试验方法。重点分析了后两种方法的具体试验过程、原理、误差及影响因素、适用范围、特点。主要结论如下:

(1)土壤类型辨别法(直接测量法)、稳态试验法及数值计算法均不能满足土壤热物性测试的精度要求,只能为土壤热物性的确定提供一定的理论依据。

(2)探针法适用于在试验室内测量典型土壤样品的热物性参数,能够获得精准的土壤热物性参数。

(3)现场热响应试验法适用于土壤热物性的现场测试,是目前公认的最为有效的测试方法,但仍有许多因素影响测量结果的准确度。

第4章 岩土层传热理论计算模型

目前利用热响应试验法测试土壤热物性参数已经成为公认的最准确、最有效的方法。《地源热泵系统工程技术规范》[31]中规定：当地埋管地源热泵系统的应用建筑面积在 3 000 ~ 5 000 m² 时，宜进行岩土热响应试验；当应用建筑面积大于等于 5 000 m² 时，应进行岩土热响应试验。

有关数据处理方法的研究从来没有间断。数据处理方法的选择首先要关注的是换热模型的选择。关于土壤源热泵地埋管换热器的传热分析，迄今为止还没有国际上普遍公认的模型和规范。由于多孔介质中传热传质问题的复杂性，国际上现有的地埋管换热器的传热模型大都采用纯导热模型，忽略多孔介质中对流的影响。竖直或倾斜埋管的地埋管换热器在地层中钻孔，设置 U 形管后再用封井材料填实。封井材料的作用：一是增强该部分的传热；二是防止地下水受地表水的渗入而污染，起到密封作用。竖直地埋管换热器钻孔内的结构最主要的有 U 形管和套管两种，在工程上最常见的 U 形管结构，包括单 U 埋管和双 U 埋管两种形式。在处理单个钻孔中的 U 形管与岩土层的传热问题时，可分为两部分进行：一是钻孔内的传热；二是由钻孔壁面至外部地层之间的换热。对于前者，由于几何尺寸及其热容相对很小，其中的换热过程通常可近似按稳态传热处理，而钻孔壁至地层远处的传热应按非稳态考虑，对工程计算常可采用线热源模型或圆柱热源模型来求解。

地下岩土在传热分析中常常可以看作是一个半无限大介质。工程上常见的地埋管换热器的钻孔直径为 100 ~ 200 mm，与周围的岩土尺度以及钻孔的长度相比，钻孔的径向尺度很小，在讨论钻孔外的传热问题时，它的径向尺度基本可以忽略，而把钻孔及其埋管看作是一个线热源。地埋管换热器钻孔的深度通常为 40 ~ 200 m，即钻孔的深度比钻孔的直径大几个数量级。首先想到的简化假设就是忽略钻孔在深度方向的传热，而只考虑径向的传热。这样，对于单孔的换热器就成为一维导热问题。有关地源热泵的专著以及 ASHRAE 推荐的规范中都采用一维导热模型，主要有 Kelvin 的无限长线热源模型和圆柱热源模型。

这两种模型共同的假设条件如下：
(1)只考虑埋管的径向传热。
(2)传热以导热方式进行。
(3)土壤与埋管之间无缝隙。
(4)土壤被视为一种无限大均匀介质。
(5)无地下水流动换热。
(6)只考虑单一埋管，即假设埋管之间没有任何热干扰。

4.1 Kelvin 线热源模型

线热源模型是基于将地埋管视为一个线热源，忽略端点影响的假设之上的。土壤作为热阻介质，假设其初始温度均匀且一定(T_0)。最初的线热源是由 Lord Kelvin 提出的，因此也常把线热源称为 Kelvin 线热源理论。Ingersoll 和 Plass 在 1948 年将线热源理论应用到地下埋管换热器的传热计算当中。Mogensen 在 1983 年将线热源模型应用到估算地下土壤的导热系数当中,深入发展了该理论模型。

线热源在无限大物体中的数学描述如下:任意时刻土壤的温度分布表达式可用式(4-1)表示,即非稳态一维导热微分方程:

$$\frac{\partial^2 t}{\partial r^2} + \frac{1}{r}\frac{\partial t}{\partial r} = \frac{1}{a}\frac{\partial t}{\partial \tau} \tag{4-1}$$

并且有:

$$\lim_{r\to 0}\left(r\frac{\partial t}{\partial r}\right) = \frac{q}{2\pi\lambda_s}, r\to 0, \tau > 0 \tag{4-2}$$

无限远处边界条件: $t(r,\tau) = t_0, r\to\infty, \tau > 0$ (4-3)

初始温度条件: $t(r,\tau=0) = t_0, 0\leqslant r < \infty, \tau = 0$ (4-4)

对式(4-1)~式(4-4)进行波尔兹曼变换,得到

$$t(r,\tau) = t_0 + \frac{q}{4\pi\lambda_s}Ei\left(\frac{-r^2}{4a\tau}\right) \tag{4-5}$$

其中 Ei 为指数积分:

$$Ei(-u) = -\int_u^\infty \frac{e^{-y}}{y}\mathrm{d}y = \int_1^\infty \frac{1}{\delta}\exp(-x\delta)\mathrm{d}\delta \tag{4-6}$$

将式(4-6)代入式(4-5),得到 Ingersoll 和 Plass 常规的线热源方程:

$$\Delta t(r,\tau) = t(r,\tau) - t_0 = \frac{q}{4\pi\lambda_s}\int_{\frac{-r^2}{4a\tau}}^\infty \frac{e^{-y}}{y}\mathrm{d}y \tag{4-7}$$

对于指数积分 $Ei(-u)$,当 $u \geqslant 5$ 时可以用积分指数函数的级数展开式的前两项表示,近似式如式(4-8)所示,该误差不大于 2%。其中 C 为欧拉常数,$C\approx 0.577\,2$。

$$Ei(-u) \approx \ln\left(\frac{1}{u}\right) - C \tag{4-8}$$

当 $r^2/(4a\tau)$ 很小时,即在距离线热源很近位置处或经过较长时间后,可以近似写成式(4-9):

$$\Delta t(r,\tau) \approx \frac{q}{4\pi\lambda_s}\left[\ln\left(\frac{4a\tau}{r^2}\right) - C\right] \tag{4-9}$$

式中 $t(r,\tau)$——钻孔壁处温度,℃;

t_0——土壤初始温度,℃;

q——单位长度钻孔散热率,W/m;

λ_s——土壤导热系数,W/(m·℃);

a——土壤导温系数/热扩散系数,m²/s。

并且根据传热学原理,可以得到埋管内流体平均温度与钻孔孔壁温度关系为

$$t_f = \frac{q}{H}R_b + t_b \tag{4-10}$$

将式(4-9)与式(4-10)合并得到:

$$t_f = qR_b + \frac{q}{4\pi\lambda_s}\left[\ln\left(\frac{4a\tau}{r^2}\right) - C\right] + t_0 \tag{4-11}$$

4.2　一维圆柱热源模型

一维圆柱热源模型是地源热泵热响应试验较常应用的计算模型,可通过数值计算得到较为精确的土壤热物性参数。对于垂直 U 形埋管换热器的不稳定传热,经典圆柱热源理论假定在埋管井壁与土壤之间的换热是在常热流边界条件下进行的,土壤各向同性,土壤远边界未受扰动的原始温度为 t_0,埋管井壁温度为 t_w。经典圆柱热源理论分析的主要目标在于确定出土壤温度与埋管井壁温度的温差 Δt,导出了无限大各向同性介质内嵌入的圆柱体恒定热源的非稳态传热的温差表达式:

$$\Delta t = t_0 - t_w = \frac{q}{\lambda_s L} G(F_0, p) \tag{4-12}$$

式中:

$$G(F_0, p) = \frac{1}{\pi^2} \int_0^\infty \frac{e^{-\beta^2 F_0} - 1}{J_1^2(\beta) + Y_1^2(\beta)} [J_0(p\beta) Y_1(\beta) - J_1(\beta) Y_0(p\beta)] \frac{d\beta}{\beta^2} \tag{4-13}$$

式中　J_0, J_1, Y_0, Y_1 ——一类 Bessel 零阶、一阶函数和二类 Bessel 零阶、一阶函数;

t_0 ——土壤原始温度,℃;

t_w ——圆柱壁面上的温度及井壁温度,℃;

q ——散热量,W;

L ——圆柱长度,即埋管井深度,m;

F_0 ——傅里叶数,$F_0 = at/r^2$;

p ——土壤计算点至埋管井中心距离与埋管半径的比值,$p = r/r_0$。

对式(4-12)的求解要用到数值方法求解,计算量非常庞大,其中不仅涉及两类贝塞尔函数,而且还包含有半无限大区间上的积分,工程上一般不予应用。通常采用近似计算方法,借助典型半径下 $G(F_0, p)$ 随 F_0 的拟合公式进行计算。当 $p = 1$ 时:

$$G = 10^{[-0.891\,29 + 0.360\,81 \times \lg F_0 - 0.055\,08 \times \lg^2 F_0 + 305\,96 \times 10^3 \times \lg^3 F_0]} \tag{4-14}$$

当 $p = 1$ 时,即测试井井壁处的温度随时间的变化值可以将式(4-14)代入式(4-12)表示。结合钻孔内热阻,同样可以将钻孔进出口水温的平均温度随时间的变化关系式表示出来。

4.3　数据处理方法

数据处理方式的选择首先要关注的是换热模型的选择,目前常用的换热模型主要有线性热源模型和圆柱热源模型以及以之为基础的改进形式。常用的数据处理方式主要有斜率法、参数估计法等。

土壤源热泵系统中采用地下埋管换热器,通过埋管中的流体与周围土壤的换热实现热量的交换,这种换热过程十分复杂。它是非稳态传热过程,时间跨度长、空间区域大、影响因素多,其中包括水平埋管及垂直埋管与土壤的换热规律、多组管道之间的相互影响、土壤冻融的影响、地下水渗流的影响等。另外,换热器的形式多种多样,地层结构及其热物性千差万别,换热器的负荷随时间而不断变化,这些因素都增加了传热过程分析的难度。土壤热物性参数(综合导热系数 λ_s 和综合比热容 ρc_s)是地埋管换热器设计中的重要参数。当获得的岩土导热系数和比热容与实际发生偏差时,会产生地埋管换热器设计总长度的偏差。当钻孔总长度设计偏小时会造成空调效果达不到要求;当钻孔总长度设计偏大时会增加不必要的投资。

由于地埋管换热器传热问题的复杂性,迄今为止还没有公认的模型和规范。国际上地下换热器的传热模型大体上可分为以下三大类:

第一类是以热阻概念为基础的半经验性的设计计算公式,这就是现有的设计手册和教科书中通常推荐的以一维的线性源或圆柱模型为基础的公式。由于其计算相对于其他方法比较简单,又优于纯经验估计的方法,因此在工程中得到应用。

第二类是以数值计算为基础的传热模型,考虑尽可能接近现实情况的传热条件,用有限元或有限差分法求解地下的温度响应并进行传热分析。随着计算机技术的进步,数值计算方法以其适应性强的特点已成为传热分析的基本手段,也已成为地埋管换热器理论研究的重要工具。但是由于地热换热器传热问题涉及的空间范围大、几何配置复杂,同时负荷随时间变化,时间跨度长达十年以上,因此这种分析方法将耗费大量的计算时间,至少在目前还只适用于研究工作中的参数分析,而不适用于工程设计和实际的工程模拟。

第三类方法也是基于热阻的概念,在导出单个钻孔每一个传热环节热阻解析式的基础上,利用叠加原理,处理复杂的多孔几何布置和负荷随时间的随机变化。这种方法的物理概念清晰,计算精度优于或相当于数值模拟方法;同时由于利用叠加原理并尽量采用解析解,计算速度大大加快,因此可以用来解决需要反复迭代的设计优化问题。

4.3.1 岩土热响应试验计算

目前国际上研究及应用比较多的是竖直 U 形埋管方式,下面是一种适用于单 U 形竖直地埋管换热器的分析方法。地埋管换热器与周围土壤的换热可分为钻孔内传热过程和钻孔外传热过程。相比钻孔外,钻孔内的几何尺寸和热容量均很小,可以很快达到一个温度变化相对比较平稳的阶段,因此埋管与钻孔内的换热过程可近似为稳态换热过程。埋管中循环介质温度沿流程不断变化,循环介质平均温度可认为是埋管出入口温度的平均值。钻孔外可视为无限大空间,地下岩土的初始温度均匀,其传热过程可认为是线性源或圆柱热源在无限大介质中的非稳态传热过程。依据《地源热泵系统工程技术规范》(GB 50366—2005)(2009 年修订版),在定加热功率的条件下,地埋管传热过程计算如下。

4.3.1.1 钻孔内传热过程及热阻

钻孔内两根埋管单位长度的热流密度分别为 q_1 和 q_2,根据线性叠加原理有:

$$\begin{cases} T_{f1} - T_b = R_1 q_1 + R_{12} q_2 \\ T_{f2} - T_b = R_{12} q_1 + R_2 q_2 \end{cases} \tag{4-15}$$

式中　T_{f1},T_{f2}——两根管内流体温度,℃;

　　　　T_b——钻孔孔壁温度,℃;

　　　　R_1,R_2——两根埋管独立存在时与钻孔孔壁之间的热阻,(m·K)/W;

　　　　R_{12}——两根埋管之间的热阻,(m·K)/W。

在工程中可以将两根埋管近似认为是对称分布在钻孔内部的,其中心距为 D,因此有:

$$R_1 = R_2 = \frac{1}{2\pi\lambda_b}\Big[\ln\Big(\frac{d_b}{d_0}\Big) + \frac{\lambda_b - \lambda_s}{\lambda_b + \lambda_s}\cdot\ln\Big(\frac{d_b^2}{d_b^2 - D^2}\Big)\Big] + R_p + R_f \tag{4-16}$$

$$R_{12} = \frac{1}{2\pi\lambda_b}\Big[\ln\Big(\frac{d_b}{D}\Big) + \frac{\lambda_b - \lambda_s}{\lambda_b + \lambda_s}\cdot\ln\Big(\frac{d_b^2}{d_b^2 - D^2}\Big)\Big] \tag{4-17}$$

其中,埋管管壁的导热热阻 R_p 和管壁与循环介质对流换热热阻 R_f 分别为

$$R_p = \frac{1}{2\pi\lambda_p}\cdot\ln\Big(\frac{d_0}{d_i}\Big), R_f = \frac{1}{\pi d_i h} \tag{4-18}$$

式中　d_i——埋管内径,m;

　　　d_0——埋管外径,m;

　　　d_b——钻孔直径,m;

　　　λ_p——埋管管壁导热系数,W/(m·K);

　　　λ_b——钻孔回填材料导热系数,W/(m·K);

　　　λ_s——埋管周围岩土的导热系数,W/(m·K);

　　　h——循环介质与 U 形管内壁的对流换热系数,W/(m²·K)。

取 q_1 为单位长度埋管释放的热流量,根据假设有 $q_1 = q_2 = q_1/2$,$T_{f1} = T_{f2} = T_f$,则式(4-15)可表示为

$$T_f - T_b = q_1 R_b \tag{4-19}$$

由式(4-16)～式(4-19)可推得钻孔内传热热阻 R_b 为

$$R_b = \frac{1}{2}\Big\{\frac{1}{2\pi\lambda_p}\Big[\ln\Big(\frac{d_b}{d_0}\Big) + \ln\Big(\frac{d_b}{D}\Big) + \frac{\lambda_b - \lambda_s}{\lambda_b + \lambda_s}\cdot\ln\Big(\frac{d_b^4}{d_b^4 - D^4}\Big)\Big] + \frac{1}{2\pi\lambda_p}\cdot\ln\Big(\frac{d_0}{d_i}\Big) + \frac{1}{\pi d_i h}\Big\} \tag{4-20}$$

4.3.1.2 钻孔外传热过程及热阻

当钻孔外传热过程被视为以钻孔孔壁为柱面热源的无限大介质中的非稳态热传导时,其传热控制方程、初始条件和边界条件分别为:

$$\frac{\partial T}{\partial \tau} = \frac{\lambda_s}{\rho_s c_s}\Big(\frac{\partial^2 T}{\partial r^2} + \frac{1}{r}\frac{\partial T}{\partial r}\Big)\frac{d_b}{2} \leqslant r < \infty, \tau > 0 \tag{4-21}$$

$$T = T_{ff}, \frac{d_b}{2} < r < \infty, \tau = 0 \tag{4-22}$$

$$-\pi d_b \lambda_s \frac{\partial T}{\partial r}\Big|_{r=\frac{d_b}{2}} = q_1, \tau > 0 \tag{4-23}$$

$$T = T_{ff}, r \rightarrow \infty, \tau > 0 \tag{4-24}$$

式中　c_s——埋管周围岩土的平均比热容,J/(kg·℃);

　　　T——孔周围岩土温度,℃;

　　　T_{ff}——无穷远处土壤温度,℃;

　　　ρ_s——岩土周围岩土的平均密度,kg/m³;

　　　τ——时间,s。

由上述方程可求得 τ 时刻钻孔周围土壤的温度分布。其公式非常复杂,求值十分困难,需要采取近似计算。

当加热时间较短时,柱热源和线热源模型的计算结果有显著差别;当加热时间较长时,

两模型计算结果的相对误差逐渐减小,而且时间越长差别越小。一般国内外通过试验推导钻孔传热性能及热物理性所采用的普遍模型是线热源模型,当时间较长时,线热源模型的钻孔孔壁温度为

$$T_{\text{b}} = T_{\text{ff}} + q_1 \cdot \frac{1}{4\pi\lambda_{\text{s}}} \cdot Ei\left(\frac{d_{\text{b}}^2\rho_{\text{s}}c_{\text{s}}}{16\lambda_{\text{s}}\tau}\right) \tag{4-25}$$

式中,$Ei(x) = \int_x^\infty \frac{e^{-S}}{S}\mathrm{d}S$ 是指数积分函数。当时间足够长时,$Ei\left(\frac{d_{\text{b}}^2\rho_{\text{s}}c_{\text{s}}}{16\lambda_{\text{s}}\tau}\right) \approx \ln\left(\frac{16\lambda_{\text{s}}\tau}{d_{\text{b}}^2\rho_{\text{s}}c_{\text{s}}}\right) - \gamma$,γ 是欧拉常数,$\gamma \approx 0.577\,216$。$R_{\text{s}} = \frac{1}{4\pi\lambda_{\text{s}}} \cdot Ei\left(\frac{d_{\text{b}}^2\rho_{\text{s}}c_{\text{s}}}{16\lambda_{\text{s}}\tau}\right)$ 为钻孔外岩土的导热热阻。

由式(4-19)和式(4-25)可以导出 τ 时刻循环介质平均温度,为

$$T_{\text{f}} = T_{\text{ff}} + q_1 \cdot \left[R_{\text{b}} + \frac{1}{4\pi\lambda_{\text{s}}} \cdot Ei\left(\frac{d_{\text{b}}^2\rho_{\text{s}}c_{\text{s}}}{16\lambda_{\text{s}}\tau}\right)\right] \tag{4-26}$$

式(4-20)和式(4-26)构成了埋管内循环介质与周围岩土的换热方程。

4.3.2 数据处理

"十二五"国家科技支撑计划项目"浅层地热能集成应用技术与评估及示范(2011BAJ03B09)"对现场热响应试验数据处理方法进行了进一步的研究。由于地下土壤情况非常复杂,土壤热响应试验法对实际情况进行了简化,引入如下假设:

(1)钻孔周围岩土是均匀的。

(2)埋管与周围岩土的换热可认为是钻孔中心的一根线热源与周围岩土进行换热,沿长度方向的传热量忽略(孔径一般为 0.1～0.15 m,孔长大于 50 m)。

(3)埋管与岩土的换热强度维持不变。

(4)忽略地下水渗流影响。

近年来国内外对岩土热物性测试方法精确化方向做了很多研究,对线热源模型进行优化改进,并提出了一些新颖的方法,对土壤源热泵系统的应用与发展起到了促进作用。岩土热响应试验为了工程应用的方便,做了忽略地下水渗流影响的假设,但有学者通过原理及工程实例分析,地下水渗流对地埋管换热器的换热起到了明显的促进作用,因此在设计计算地下换热器钻孔总长度时,也要充分考虑地下水渗流的作用。

在岩土热响应试验数据分析计算中,国内外通过试验推导钻孔传热性能及热物性所采用的普遍模型是线热源模型,当时间足够长时,线热源模型的 τ 时刻循环介质平均温度可近似表示为

$$T_{\text{f}} = T_{\text{ff}} + \frac{Q}{H} \cdot R_{\text{b}} + \frac{Q}{4\pi\lambda_{\text{s}}H}\left[\ln\left(\frac{16\lambda_{\text{s}}\tau}{d_{\text{b}}^2\rho_{\text{s}}c_{\text{s}}}\right) - \gamma\right], \tau \geqslant 1.25\frac{d_{\text{b}}^2\rho_{\text{s}}c_{\text{s}}}{\lambda_{\text{s}}} \tag{4-27}$$

钻孔传热热阻的解析表达式为

单 U 形管:

$$R_{\text{b}} = \frac{1}{2}\left\{\frac{1}{2\pi\lambda_{\text{b}}}\left[\ln\left(\frac{d_{\text{b}}^2}{2d_0 D}\right) + \frac{\lambda_{\text{b}} - \lambda_{\text{s}}}{\lambda_{\text{b}} + \lambda_{\text{s}}} \cdot \ln\left(\frac{d_{\text{b}}^4}{d_{\text{b}}^4 - D^4}\right)\right] + \frac{1}{2\pi\lambda_{\text{p}}} \cdot \ln\left(\frac{d_0}{d_i}\right) + \frac{1}{\pi d_i h}\right\} \tag{4-28}$$

双 U 形管:

$$R_{\mathrm{b}} = \frac{1}{4} \left\{ \frac{1}{2\pi\lambda_{\mathrm{b}}} \left[\ln\left(\frac{d_{\mathrm{b}}^4}{2d_0 D^3}\right) + \frac{\lambda_{\mathrm{b}} - \lambda_{\mathrm{s}}}{\lambda_{\mathrm{b}} + \lambda_{\mathrm{s}}} \cdot \ln\left(\frac{d_{\mathrm{b}}^8}{d_{\mathrm{b}}^8 - D^8}\right) \right] + \frac{1}{2\pi\lambda_{\mathrm{p}}} \cdot \ln\left(\frac{d_0}{d_i}\right) + \frac{1}{\pi d_i h} \right\} \quad (4\text{-}29)$$

式中 T_{f}——埋管内流体平均温度,℃;

T_{ff}——无穷远处土壤温度,℃;

Q——加热功率,W;

R_{b}——钻孔内的总热阻,$(\mathrm{m \cdot K})/\mathrm{W}$;

λ_{s}——岩土的综合导热系数,$\mathrm{W}/(\mathrm{m \cdot K})$;

λ_{b}——钻孔回填材料导热系数,$\mathrm{W}/(\mathrm{m \cdot K})$;

λ_{p}——埋管管壁导热系数,$\mathrm{W}/(\mathrm{m \cdot K})$;

$\rho_{\mathrm{s}} c_{\mathrm{s}}$——岩土的容积比热容,$\mathrm{J}/(\mathrm{m}^3 \cdot \mathrm{K})$;

γ——欧拉常数,$\gamma \approx 0.577\ 216$;

H——测试孔深度,m;

d_{b}——地埋管钻孔直径,m;

d_i——U 形管内径,m;

d_0——U 形管外径,m;

D——两根埋管的中心距,m;

τ——时间,s;

h——循环介质与 U 形管内壁的对流换热系数,$\mathrm{W}/(\mathrm{m}^2 \cdot \mathrm{K})$。

通过式(4-27)、式(4-28)和式(4-29)利用斜率法、双参数估计法等对测试数据进行分析可得出相关岩土热物性参数(导热系数和钻孔内热阻、导热系数和热扩散率或容积比热容)的值。

4.3.2.1 斜率法

斜率法也称作最小二乘法,只能针对线热源模型进行求解,式(4-27)可以简化为

$$T_{\mathrm{f}} = k \cdot \ln(\tau) + b \quad (4\text{-}30)$$

式中:

$$k = \frac{Q}{4\pi\lambda_{\mathrm{s}} H} \quad (4\text{-}31)$$

$$b = T_{\mathrm{ff}} + \frac{Q}{H} \cdot R_{\mathrm{b}} + \frac{Q}{4\pi\lambda_{\mathrm{s}} H} \left[\ln\left(\frac{16\lambda_{\mathrm{s}}}{d_{\mathrm{b}}^2 \rho_{\mathrm{s}} c_{\mathrm{s}}}\right) - \gamma \right] \quad (4\text{-}32)$$

根据测试数据进出口平均温度随时间的变化值,运用最小二乘法可以拟合出线性函数的 b 值和 k 值。将 k 值代入式(4-31)可以计算出岩土的综合导热系数。

4.3.2.2 双参数估算法

岩土综合热物性参数的计算方法是利用已测的地埋管进出口水温、水流量、加热功率等数据,反推岩土综合热物性参数。具体方法是从计算机中取得试验测试结果,将其与软件模拟的结果进行对比,使得方差和 $f = \sum_{i=1}^{N}(T_{\mathrm{cal},i} - T_{\mathrm{exp},i})^2$ 取得最小值时,通过传热模型调整后的热物性参数即是所求结果。其中,$T_{\mathrm{cal},i}$ 为第 i 时刻由模型计算出的埋管内流体的平均温度,$T_{\mathrm{exp},i}$ 为第 i 时刻实际测量的埋管中流体的平均温度,N 为试验测量的数据组数。

式(4-27)和式(4-28)或式(4-29)构成了埋管内循环介质与周围岩土的换热方程,只有

两个未知参数,岩土的综合导热系数 λ_s 和容积比热容 $\rho_s c_s$,对这两个参数赋初值采用最优化算法可以求得上述两个未知参数。

4.4 小 结

有关热响应测试法数据处理方式的研究从来没有间断过。数据处理方式的选择首要关注的是换热模型的选择。关于地源热泵地埋管换热器的传热分析,迄今为止国际上还没有公认的模型和规范。有关地源热泵的专著以及 ASHRAE 推荐的规范中都采用一维导热模型,主要有 Kelvin 的无限长线热源模型和圆柱热源模型。常用的数据处理方式主要有斜率法、参数估计法等。

目前,我国《地源热泵系统工程技术规范》(GB 50366—2005)对岩土热响应试验做出了明确的规定,同时介绍了基本的计算模型,在此基础上,本书提出了一种改进的岩土热物性测试方法,对线热源模型进行了优化改进,对土壤源热泵系统的应用与发展起到了促进作用。

第5章 土壤热物性测试系统及装置

本书作为"十二五"国家科技支撑计划项目"浅层地热能集成应用技术与评估及示范（2011BAJ03B09）"的成果之一，通过深入研究土壤热物性测试技术的基本原理、分析岩土层传热理论的计算模型、搜集现有的土壤热物性测试方法，总结出一套多工况的热物性测试方法，同时研制出一台可同时进行冷热响应热物性测试的试验装置，将在本章详细介绍。

5.1　土壤热物性测试基本原理

采用热响应测试方法对土壤源热泵地埋管换热器系统进行现场取冷（取热）模式测试，结合线源模型、柱源模型或数值模拟计算模型计算土壤导热系数和钻孔的热阻，是目前获得土壤源热泵设计地源端参数较为常用的方法。其原理就是在测试现场钻井，测试井深与实际井深一致，采用人工热（冷）源向地埋管换热器系统中连续加热（制冷），并记录传热介质的温度变化和循环量，来测定岩土体热传导性能。采用封闭的热循环系统，使介质在地下换热器内循环流动，将土壤加热或冷却（地下换热器可以是单U管或双U管），地下温度随时间的变化被精确地连续搜集，经过数据处理后即可获得如土壤导热系数、热阻等热性能参数。热响应测试的主要方法包括恒热流法与恒温法。

5.1.1　恒热流法

所谓恒热流法，就是在地下温度未被扰动的前提下，通过向地下输送恒定的热量，得到地下温度的热响应，利用数据采集系统记录地埋管进出口温度和地埋管中水的流量，从而通过模型反推得到土壤热物性参数。这种方法不能直接通过测量数据得到《地源热泵系统工程技术规范》（GB 50366—2005）（2009年修订版）要求的每米井深换热量的参考值，必须通过求得的土壤热物性参数结合一定的传热模型模拟地下岩土以及地埋管回路短期、中期（1年）和长期的温度变化，并采用相应的软件计算得到所测地的土壤源热泵系统的每米换热量。

1996年，Eklof C和Gehlin S最早提出恒热流法的概念，美国采暖制冷与空调工程协会手册和IGSHPA标准都推荐采用恒热流法。但该方法只能测试排热工况，虽然近几年也有一些文献建议采用空调器来提供冷量进行恒热流法的取热试验，但由于地埋管侧进回水温度的变化会导致空调器制冷量变化，所以，很难保证恒定的冷量输入。所以现在国际上通常采用电加热器来提供稳定的加热量，利用循环泵驱使载热流体不断循环，地埋管换热器不断与土壤进行热交换，利用数据采集装置采集各时刻地埋管内载热流体的进出口温度，并利用数学模型反推得到土壤的热物性参数。对于《地源热泵系统工程技术规范》（GB 50366—2005）（2009年修订版）也推荐使用恒热流法进行土壤热物性参数的测试。该方法的优点是测试设备结构简单；相关理论研究成果多，理论依据充分。缺点是传热模型存在适应性问题，假设条件与实际地质情况差距较大；需要多次模型计算，增加误差累计。

5.1.2　恒温法

恒温法是我国近几年提出的一种新方法,又称为稳定工况法或现场冷热量测量法。其原理就是利用热泵空调和电加热器的共同作用,通过 PID 控制为地埋管提供恒定温度的载热流体,通过模拟热泵夏季排热工况或冬季取热工况而直接得到相应工况下地埋管换热器的换热量。与恒热流法相比,其优点在于可同时模拟冬季取热工况和夏季排热工况,通过测量地埋管换热器出口载热流体的温度就可直接得到地埋管的取热量或排热量,测试结果直观。具体操作方法就是:同时打开地埋管循环泵与热泵空调侧的循环泵,调节地埋管循环泵侧的流量调节器,使其为设定值;然后开启热泵空调和电加热器,设定热响应测试装置出口温度,则通过 PID 控制就能保证地埋管进口载热流体的稳定,通过测量装置和采集装置记录地埋管的出口温度和流量。

5.2　土壤热物性测试系统简介

目前,土壤热物性的测试方法,绝大多数采用的是上面所提到的恒热流法。但该方法由于自身的局限性,只能模拟夏季排热工况,不能模拟冬季取热工况,通过测试土壤对稳定热流的热响应过程来确定土壤的热物性参数。"浅层地热能集成应用技术与评估及示范"课题组研制了一种基于热泵热回收的冷热响应土壤热物性测试仪,对冷热源进行一体化设计,不仅可以采用恒热流法测量土壤热物性,而且可以采用恒温法来测量土壤热物性。该测试装置可以实现四种工况模拟,即恒热流夏季工况模拟、恒温法夏季工况模拟、恒温法冬季工况模拟和恒温法夏、冬季同时进行的复合工况模拟,是一种更为高效和先进的设计方案,整个装置被安装在一台小车上,可以方便地在各孔间移动。

如图 5-1 所示,该试验台采用水/水地源热泵机组,冷热两侧出水温度分别采用温控措施,以实现同时进行两个测试钻孔的冷热响应的测试,使其具有如下几个优点:

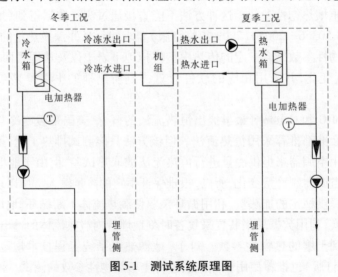

图 5-1　测试系统原理图

(1)由于采用水/水地源热泵机组与实际中的地源热泵机组具有相同的机组特性,使得模拟的测试工况与系统的实际运行工况相似程度更高,测试得到的数据具有更高的可靠性,也更具有参考价值。

（2）测试仪器能同时进行冷热响应的测试，使测试的程序大大简化、测试的时间大大缩短（不需要较长的地温恢复期）；测试程序的简化和测试时间的缩短可减少测试的费用。

（3）由于能同时进行两种工况下的冷热响应测试试验，可减小测试结果由于测试时间不同和测试环境不同而导致的误差，并且可以更好地利用同时测定的结果对试验的成功与否进行判断，对结果的准确性进行校核。

（4）两种工况的测试互通冷热量，优化能源分配，节约能源和投资。

（5）能够单独进行某一种工况的测试，形式灵活，适应性更强。

土壤热物性测试系统的循环流程和实物如图 5-2 和图 5-3 所示，主要包括绝热热水箱和绝热冷水箱、热泵机组、电阻加热器、循环水泵、控制系统、测量仪器和计算机数据采集装置。

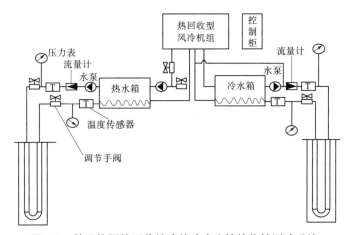

图 5-2　基于热泵热回收的冷热响应土壤热物性测试系统

图 5-3　基于热泵热回收的冷热响应土壤热物性测试仪的实物

从图 5-2 可以看出，绝热热水箱一端与风冷空调机组内的冷凝器相连，另一端与地埋管（排热侧或夏季工况）相连，水箱内部设有电加热器。热泵机组内冷凝器作为热源，通过空调侧的水泵驱动绝热热水箱内的循环水，将热泵机组内冷凝器端的热量带入绝热热水箱。绝热热水箱与地埋管相连另一侧进出口处设置温度传感器和流量传感器，用来采集进出口温度和循环水流量。绝热热水箱内部设有电加热器作为热源，由地埋管出口进入绝热热水箱的流体可以只经电加热器加热升温之后，经流量调节阀从地埋管换热器进口流入地埋管，也可经电加热器与空调机组的共同作用，以绝热热水箱出口处的温度测点作为温控点，通过控制系统控制电加热器的功率，实现对地埋管进水温度的控制，保证地埋管水温度恒定。

绝热冷水箱一端与风冷空调机组内蒸发器相连，另一端与地埋管（取热侧或冬季工况）相连，水箱内部设有电加热器。热泵机组内蒸发器作为冷源，通过空调侧的水泵驱动绝热水箱内的循环水将热泵机组内蒸发器端的冷量带入绝热冷水箱。绝热冷水箱与地埋管相连一侧进出口处设置温度传感器采集进出口温度，另外在绝热冷水箱与地埋管相连一侧进出口处设置流量计采集循环水流量。绝热冷水箱内部设有电加热器作为辅助热源，由地埋管出口进入绝热冷水箱的流体经热泵机组的蒸发器降温后，经流量调节阀调节流量后从地埋管换热器进口流入地埋管，水箱内的电加热器作为辅助热源，以绝热热水箱出口处的温度测点作为温控点，通过控制系统控制电加热器的功率，实现对地埋管进水温度的微调控制，保证地埋管水温度恒定。

5.3 试验方案和操作步骤

5.3.1 测试方案

基于热泵热回收的冷热响应土壤热物性测试系统，可以实现四种工况模拟，即恒热流夏季工况模拟、恒温法夏季工况模拟、恒温法冬季工况模拟和恒温法夏、冬季同时进行的复合工况模拟。该测试系统左侧水箱为冷侧，测试冬季工况，右侧水箱为热侧，测试夏季工况。左侧进出水口处阀门控制冷侧进出水，右侧进出水口处阀门控制热侧进出水。

测试方案制定如下：按照《地源热泵系统工程技术规范》（GB 50366—2005）（2009 年修订版）要求，夏季运行期间，地埋管换热器内流体出口最高温度宜低于 33 ℃，冬季运行期间，不添加防冻液的地埋管换热器的进口温度宜高于 4 ℃。因此，采用恒热流法进行排热工况的测试，采用恒温法进行排热工况、取热工况以及同时排热与取热工况的测试。夏季排热工况选取 33 ℃进水，冬季取热工况选取 5 ℃进水。测试地埋管换热性能和土壤热物性时，在测试现场钻井打孔选取两个相邻的试验孔：测试孔 A 和测试孔 B，孔深 100 m，直径约 150 mm，两孔设计间距取 5 m。

5.3.2 测试过程

测试原始地温：从加热水箱处为系统补水，补水完毕后，关闭夏季工况模拟端加热水箱加热器开关，关闭夏季工况模拟端加热水箱调节阀，打开夏季工况模拟端加热水箱调节阀，打开夏季工况模拟端变频水泵；关闭冬季工况模拟端加热水箱调节阀，打开冬季工况模拟端加热水箱调节阀，打开冬季工况模拟端变频水泵，循环 24 h 后，温度稳定，记录夏季工况模拟端及冬季工况模拟端的温度传感器示数，即测试孔 A 与测试孔 B 的土壤原始温度，测试孔 A 与测试孔 B 的土壤原始温度的平均值，即原始地温。

冬季工况测试时，应保证恒定的制冷功率，具体的控制根据冬季工况模拟端 U 形管 5 ℃的进出水温差，保证进出水的温差为定值。例如可以设置该侧进水温度为 5 ℃，当不能满足要求时，通过冬季工况模拟端加热水箱加热，直至该侧进水温度达到 5 ℃，记录该侧冬季工况模拟端流量传感器、冬季工况模拟端供水侧温度传感器、冬季工况模拟端回水侧温度传感器、冬季工况模拟端回水侧压力表的示数。

夏季工况测试时三种工作状态如下：

（1）夏季工况模拟端供水侧温度传感器测得的水温小于 24.5 ℃，打开夏季工况模拟端加热水箱调节阀，打开夏季工况模拟端变频水泵，打开夏季工况模拟端加热水箱加热器开关，关闭标准冷凝器排风扇。

（2）夏季工况模拟端供水侧温度传感器测的水温高于 24.5 ℃ 且低于 25 ℃ 时，打开夏季工况模拟端变频水泵，打开夏季工况模拟端加热水箱调节阀，关闭夏季工况模拟端调节阀，关闭夏季工况模拟端变频水泵，打开标准冷凝器风扇开关，打开夏季工况模拟端加热水箱加热器开关。

（3）夏季工况模拟端供水侧温度传感器测得的水温高于 25 ℃，打开夏季工况模拟端加热水箱调节阀，打开夏季工况模拟端变频水泵，打开标准冷凝器风扇开关，关闭夏季工况模拟端加热水箱加热器开关。

5.3.3　操作步骤

5.3.3.1　恒热流放热模式（夏季工况）

（1）热侧接地埋管。

（2）关闭热侧两个进出口阀门。

（3）向热水箱蓄水，液面将要浸没导流金属片时停止蓄水。

（4）放置好保温水箱盖子。

（5）打开热进出口阀门。

（6）开启电柜。

（7）通过触摸屏进入"热响应侧温度控制"界面。

（8）通过设置 SHIMADEM 温控器进入手动操作模式（见图 5-4），开始进行热响应测试。

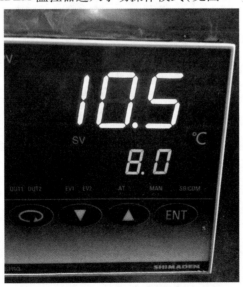

图 5-4　SHIMADEM 温控器控制界面

（9）开始进行 24 h 水流循环,稳定水温。

（10）进入数据记录界面,单击"数据采集"开始进行数据采集,采集地埋管进出口温度和流量等。

（11）24 h 结束,通过 PID 表设定控制热侧输出百分比。

（12）进入数据记录界面,待温度稳定 3 h 后,关闭电加热器,关闭循环水泵。从数据采集装置获得温度及流量的数据后关闭整个装置电源,试验结束。

5.3.3.2　恒温放热模式（夏季工况）

（1）热侧接地埋管。

（2）关闭热侧两个进出口阀门。

（3）向热水箱蓄水,液面将要浸没导流金属片时停止蓄水。

（4）放置好保温水箱盖子。

（5）打开热进出口阀门。

（6）开启地埋侧和热侧循环水泵。

（7）通过触摸屏进入"热响应侧温度控制"界面,将设置地埋管进水温度设为 33 ℃。

（8）开始进行 24 h 水流循环,稳定水温。

（9）进入数据记录界面,单击"数据采集"开始进行数据采集。

（10）24 h 结束,通过 PID 表设定热侧温度,并单击触摸屏"热水箱加热",如图 5-5 所示。

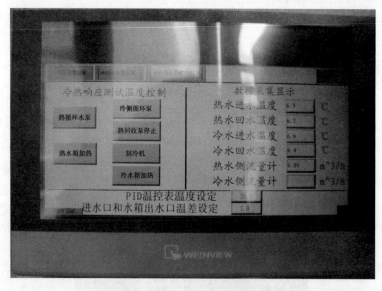

图 5-5　土壤热物性测试仪器控制界面 1

（11）进入数据记录界面,采集地埋管出口温度和流量等数值,待稳定 3 h 后,试验结束,先关闭电加热器和空调机组的电源,然后关闭循环水泵的电源（如热侧温度波动超过 ±0.3 ℃,开启热侧 PID 自整定,待温度稳定 3 h 后,试验结束）。

（12）从数据采集装置获得温度及流量的数据,关闭采集装置的电源。

5.3.3.3　恒温吸热模式（冬季工况）

（1）冷侧接地埋管。

（2）关闭冷侧进出口阀门。

（3）向冷水箱蓄水，液面将要浸没导流金属片时停止蓄水。

（4）放置好保温水箱盖子。

（5）打开冷侧进出口阀门。

（6）开启电柜，通过触摸屏进入"冷响应温度控制"界面，设置进水温度为5℃。

（7）单击开启"冷侧循环泵"，如图5-6所示。

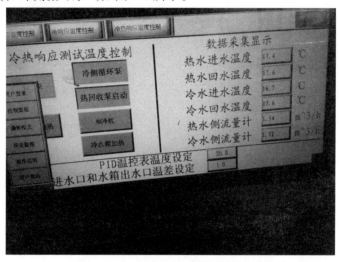

图5-6 土壤热物性测试仪器控制界面2

（8）开始进行24 h水流循环，稳定水温。

（9）进入数据记录界面，单击"数据采集"开始进行数据采集。

（10）检查连接管中是否有气泡，如有气泡，使用内六角扳手打开冷侧水泵导气阀，待空气排净后关闭导气阀。

（11）24 h结束，通过PID表分别设定冷侧的出口温度，并单击触摸屏"冷水箱加热""制冷机"。

（12）进入数据记录界面，待温度稳定3 h后，试验结束，首先关闭电加热器和空调机组的电源，然后关闭循环水泵的电源（如冷侧温度波动超过±0.3℃，开启冷侧PID自整定，待温度稳定3 h后，试验结束）。

（13）从数据采集装置获得温度及流量的数据，关闭采集装置的电源。

5.3.3.4 恒温放热+吸热模式（冬、夏季工况）

（1）冷热两侧分别接地埋管。

（2）关闭冷热两侧四个进出口阀门。

（3）向冷热水箱蓄水，液面将要浸没导流金属片时停止蓄水。

（4）放置好保水箱盖子。

（5）打开测试冷热两侧四个阀门。

（6）开启电柜，过触摸屏进入"冷热响应温度控制"界面，放热侧地埋管入口温度设为33℃。吸热侧地埋管入口温度设为5℃。

（7）单击开启"热侧循环泵""冷侧循环泵"。

（8）开始进行24 h水流循环，稳定水温。

(9)进入数据记录界面,单击"数据采集"开始进行数据采集,采集放热侧地埋管出口水温、流量以及吸热侧地埋管出口水温、流量等参数。

(10)24 h结束,通过PID表分别设定对应侧的出口温度,并单击触摸屏"热水箱加热""冷水箱加热""制冷机"。

(11)进入数据记录界面,待温度稳定3 h后,试验结束,首先关闭电加热器和空调机组的电源,然后关闭循环水泵的电源(如冷侧或者热侧温度波动超过±0.3 ℃,开启相应侧PID自整定,待温度稳定3 h后,试验结束)。

(12)从数据采集装置获得温度及流量的数据,关闭采集装置的电源。

5.4 土壤热物性测试软件

为了得出土壤热物性参数,先应用土壤热物性测试试验装置测试原始试验数据,然后将试验装置搜集到的原始数据输入软件,即可得出土壤导热系数等相关热物性参数,土壤热物性测试软件是基于线热源模型开发完成的。

(1)根据实际情况选择,如图5-7所示。

图5-7 土壤热物性计算软件界面

(2)输入测试孔参数,如图5-8所示。主要参数有:

①测试钻孔直径,单位为m。

②U形埋管内外直径:测试井内所采用的U形管的内外直径,单位为m,可以通过查询《地源热泵系统工程技术规范》(GB 50366—2005)(2009年修订版)附录A得到。

③两根埋管的中心距:单U时输入两根埋管的中心距,双U时输入最远两根埋管的中心距,单位均为m。

④测试钻孔深度:测试孔内埋管的实际深度,单位为m。

⑤测试钻孔回填材料导热系数:单位为W/(m·K),根据现场回填实际情况,一般情况可以查询《地源热泵系统工程技术规范》(GB 50366—2005)(2009年修订版)附录B。

⑥埋管管壁导热系数:测试钻孔内所采用的U形管的导热系数,单位为W/(m·K)。

⑦管内流体的导热系数:根据流体的类型选定在相应温度下的导热系数,单位为W/(m·K)。目前地埋管系统管内流体一般为水。

⑧管内流体流量(m³/h)、土壤初始温度(℃)等。

(3)导入试验数据,如图5-8所示。试验数据的文件格式为".xls",导入前,先打开初始

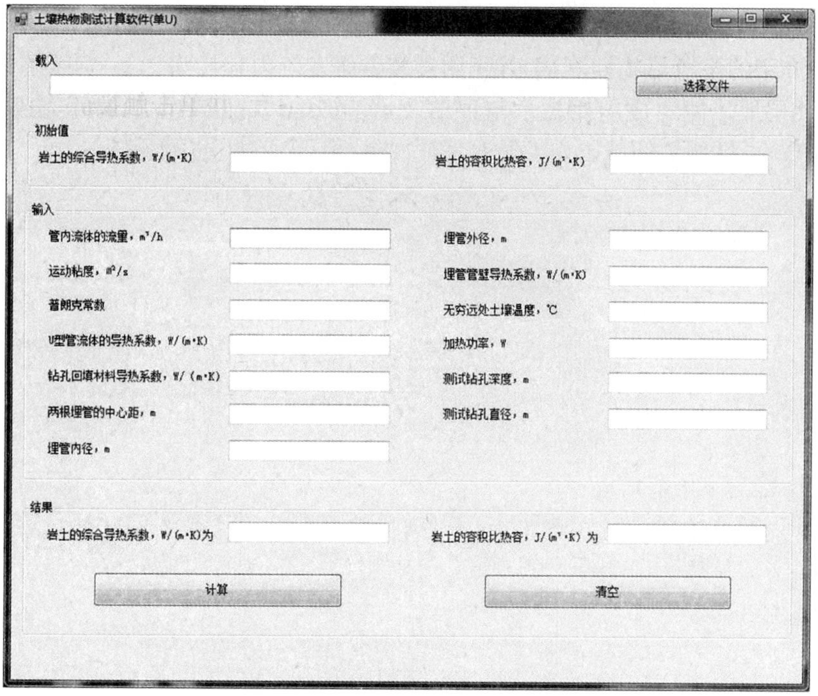

图 5-8 土壤热物性计算软件界面

文件检查并剔除非试验过程中的数据。

(4)导入试验数据后,单击"计算"即可。如发现计算结果异常,用记事本打开原始试验数据文件,检查有无多余字符;如果存在多余字符,删除后重新导入并计算。

5.5 小 结

本书作为"十二五"国家科技支撑计划项目"浅层地热能集成应用技术与评估及示范(2011BAJ03B09)"的成果之一,通过深入研究土壤热物性测试技术的基本原理、分析岩土层传热理论的计算模型、搜集现有的土壤热物性测试方法,总结出一套多工况的热物性测试方法,同时研制出一台可同时进行冷热响应热物性测试的试验装置。该测试系统能够同时进行两个测试井的冷热响应测试。该试验系统能够实现四种操作模式,即恒定功率加热、恒温取热、恒温放热和恒温加热、放热。其主要优点有:

(1)由于采用水/水地源热泵机组与实际中的地源热泵机组具有相同的机组特性,使得模拟的测试工况与系统的实际运行工况相似程度更高,测试得到的数据具有更高的可靠性,更具有参考价值。

(2)测试仪器能同时进行冷热响应的测试,使得测试的程序大大简化、测试的时间大大缩短(不需要较长的地温恢复期)。测试程序的简化和测试时间的缩短可减少测试的费用。

(3)由于能同时进行两种工况下的冷热响应测试试验,可减小测试结果由于测试时间不同和测试环境不同而导致的误差,并且可以更好地利用同时测定的结果对试验的成功与否进行判断,对结果的准确性进行校核。

(4)两种工况的测试互通冷热量,能优化能源分配,节约能源和投资。

（5）能够单独进行某一种工况的测试，形式灵活，适应性更强。

本章所介绍的土壤热物性测试方法、测试装置研发等内容均为"十二五"国家科技支撑计划项目"浅层地热能集成应用技术与评估及示范（2011BAJ03B09）"的研究成果，属于课题组学术观点，可供相关领域工作人员参考。

参 考 文 献

[1] 古艳艳. 驻马店某地区浅层地热能调查评价[D].北京:中国地质大学, 2012.

[2] 丁海华,崔彬,赵磊. 北京的地热资源及其开发利用前景[J].太阳能,2007 (3):48-50.

[3] 熊臻跃. 浅谈四川省地热资源的勘察及利用[J].地球,2014 (2).

[4] 余延顺. 寒区太阳能 - 土壤源热泵系统运行工况的模拟研究[D].哈尔滨:哈尔滨工业大学,2001.

[5] 刘东,陈沛霖,张旭. 地源热泵的特性研究[J].流体机械,2001(7):42 - 45.

[6] 周亚素. 土壤热源热泵动态特性与能耗分析研究[D].上海:同济大学,2001.

[7] 马最良,吕悦. 地源热泵系统设计与应用[M].机械工业出版社,2006.

[8] H L VOH 库伯,F 斯泰姆莱. 热泵的理论与实践[M].王子介,译.北京:中国建筑工业出版社,1986.

[9] Lienau P J, Boyd T L, Rogers R L. Ground - source heat pump case studies and utility programs[R]. Oregon Inst. of Tech. , Klamath Falls, OR (United States). Geo - Heat Center, 1995.

[10] 寿青云,陈汝东. 高效节能的空调——地源热泵[J].节能, 2001 (1):41 - 43.

[11] 刘冬生,孙友宏. 浅层地能利用新技术——地源热泵技术[J].岩土工程技术, 2003 (1):57-59.

[12] 赵军,李新国. 二十一世纪最有效的供暖空调技术——节能环保型地源热泵空调系统[R].HVAC-NET, 2000.

[13] 孙友宏,胡克,庄迎春等. 岩土钻掘工程应用的又一新领域——地源热泵技术[J].探矿工程, 2002, 197:7 - 12.

[14] 孙亭,立宝,于明志. 深层岩土热物性测试方法研究与应用[J].山东土木建筑学会建筑热能动力专业委员会第十二届学术交流大会论文集,2008:89 - 95.

[15] 廖汉光. 地源热泵在欧美国家的发展概况[J].工程建设与设计,2007(3):6 - 10.

[16] 朱瑞琪,张建明. 热响应试验方法与机理[J].西部制冷空调与供暖,2004,24(2):1 - 3.

[17] 马志同. 浅层岩土热物性参数测量仪的研制[D].北京:中国地质大学, 2006.

[18] 于明志,彭晓峰,方肇洪等. 基于线热源模型的地下岩土热物性测试方法[J].太阳能学报, 2006, 27 (3):279 - 283.

[19] 张杰,昝成,史琳. 地源热泵岩土体热物理性质测量[J].供热制冷,2007(6):29 - 30.

[20] 雷鸣. 土壤冬、夏季热响应特性研究[D].上海:东华大学环境科学与工程学院,2008.

[21] 宋欣阳. 用于地源热泵系统现场热响应测试的土壤热物性试验研究 [D].天津:天津大学,2009.

[22] 张锦玲. 基于遗传算法的岩土热物性参数确定方法研究[D].武汉:华中科技大学,2009.

[23] 唐克琴. 地源热泵岩土导热系数自助法统计分析[D].武汉:武汉理工大学,2010.

[24] 赵进,王景刚,杜梅霞等. 地源热泵土壤热物性测试与分析[J].河北工程大学学报:自然科学版,2010,27(1):58 - 60.

[25] 王海标. 断电对岩土热响应测试影响的研究[D].长沙:湖南大学,2011.

[26] 郑晓红,任倩,钱华. 两种土壤热物性测试方法试验研究及影响因素分析[J].流体机械,2011,39 (12):69 - 73.

[27] 李新国. 埋地换热器内热源理论与地源热泵运行特性研究 [D].天津:天津大学,2004.

[28] 周亚素. 土壤热源热泵动态特性与能耗分析研究[D].上海:同济大学,2001.

［29］ 2007 ASHRAE HANDBOOK HVAC Applications(SI). American Society of Heating,Refrigerating,and Air -
　　　Conditioning Engineers. ASHRAE, 2007, 32. 14.

［30］ 张旭,高小兵. 华东地区土壤及土沙混合物导热系数的试验研究［J］. 暖通空调,2004,34(5),83 -
　　　85.

［31］ GB 50366—2005. 地源热泵系统工程技术规范［S］. 2009.